GUÍAS PARA VER Y ANALIZAR

# Perdición

## (Double Indemnity)
## Billy Wilder
## (1944)

* * * * *

Gonzalo M. Pavés

Nau llibres

Nau Llibres. Periodista Badía 10. 46010 - València
Tel.: 96 360 33 36. Fax: 96 332 55 82
E-mail: *nau@naullibres.com* web: *www.naullibres.com*
Diseño de cubierta y maquetación:
Pablo Navarro, Carol López y Artes Digitales Nau Llibres

ISBN_papel: 978-84-18047-05-3
ISBN_ePub: 978-84-18047-06-0
ISBN_mobi: 978-84-18047-07-7
ISBN_PDF: 978-84-18047-08-4
Depósito Legal: V-28-2020

Impresión: Safekat

A Clara y a Mario, las ramas más jóvenes del árbol familiar.

A Débora Madrid, por ser siempre la misma, siempre diferente.

A Francisco García Gómez, que ahora sueña y persigue estrellas en el cielo.

A Fernando Gabriel Martín, Juan Antonio Ribas, Tomás Martín,
Juan Jesús Pérez, Rosendo G. Texeira, Sabino Álvarez, Hugo de Armas
y Jorge Félix González sin cuyo aliento este libro hubiera sido imposible.

# Índice

# I. Ficha artística y técnica

| | |
|---|---|
| Título Original | *Double Indemnity* |
| Año de producción | 1944 |
| Nacionalidad | Estados Unidos |
| Productora | Paramount |
| Dirección | Billy Wilder |
| Ayudante de dirección | C. C. Coleman, Jr. |
| Productor | Joseph Sistrom |
| Productor ejecutivo | B. B. DeSylva |
| Guion | Raymond Chandler y Billy Wilder a partir de la novela de James M. Cain *Pacto de sangre*. |
| Director de fotografía | John F. Seitz |
| Efectos especiales | Farciot Edouart |
| Vestuario | Edith Head |
| Maquillaje | Wally Westmore |
| Sonido | Stanley Cooley |
| Música | Miklós Rózsa |
| Director artístico | Hal Pereira |
| Supervisor dirección artística | Hans Dreier |
| Decorados | Bertram Granger |
| Director de diálogos | Jack Cage |
| Montaje | Doane Harrison |
| Lugar de rodaje | Los Ángeles, California |
| Inicio del rodaje | 27 de septiembre 1943 |
| Final del rodaje | 24 de noviembre 1943 |
| Estreno | 7 de septiembre 1944 |
| Duración | 106 minutos |
| Título de estreno en España | *Perdición* |
| Fecha de estreno en España | 6 de marzo 1947 |

| Intérpretes principales: | |
|---|---|
| Fred MacMurray | Walter Neff |
| Barbara Stanwyck | Phyllis Dietrichson |
| Edward G. Robinson | Barton Keyes |
| Porter Hall | Mr. Jackson |
| Jean Heather | Lola Dietrichson |
| Tom Powers | Mr. Dietrichson |
| Byron Barr | Nino Zachetti |
| Richard Gaines | Edward S. Norton, Jr. |
| Fortunio Bonanova | Sam Garlopis |
| John Philliber | Joe Peters |
| Otros intérpretes: | George Magrill, Bess Flowers, Kernan Cripps, Harold Garrison, Oscar Smith, Betty Farrington, Constance Purdy, Dick Rush, Frank Billy Mitchell, Edmund Cobb, Floyd Shackelford, Sam R. McDaniel, Clarence Muse, Judith Gibson y Miriam Franklin |

# 2. Introducción

## 2.1. Perdición: en los albores del film *noir*

Mientras duró la Segunda Guerra Mundial, Hollywood formó parte de la maquinaria de guerra y puso al servicio del esfuerzo militar todo su enorme potencial propagandístico. Cuando el destino del país y del mundo se jugaba en los diversos frentes abiertos por toda la geografía mundial, la producción norteamericana entreveró su natural tendencia al escapismo con exaltadas dosis de patrióticas consignas. Y así, en este panorama maniqueo de marchas, himnos, fanfarrias, banderas, enaltecimiento nacional y fervor militarista, irrumpió, colocando una nota disonante, *Perdición*. Y no lo hizo sola. Junto a ella, a lo largo de 1944, se estrenaron otras dos producciones –*Historia de un detective* (*Murder, My Sweet,* Edward Dmytryk) y *Laura* (Otto Preminger)– con las que compartía una temática y una atmósfera similar. Ninguna de las tres fue un bombazo comercial; su recaudación fue aceptable, pero muy lejos de las cifras alcanzadas en taquilla por los verdaderos éxitos de aquella temporada. El drama bélico *Treinta segundos sobre Tokio* (*Thirty Seconds Over Tokyo*, Mervyn LeRoy), el colorista musical *Cita en San Luis* (*Meet Me in St. Louis*, Vincent Minelli), pero, sobre todo, la edulcorada comedia protagonizada por Bing Crosby, *Siguiendo mi camino* (*Going My Way*, Leo McCarey), conquistaron el favor del público de un modo incontestable. No obstante, la crítica destacó en *Perdición* su original y cruda aproximación al mundo del crimen. En esta, su primera película *noir*, Billy Wilder introducía algo novedoso en el cine americano: los delincuentes ya no eran profesionales, no pertenecían a la mafia, ni a una banda; eran personas normales, de clase media, arrastradas por la pasión y la ambición.

Los críticos resaltaron sobre todo la brillantez de su estructura narrativa y el modo con el que Wilder había transformado una historia sórdida en un film sugestivo. Con su película, Wilder allanó el terreno para que, aun operando bajo las restricciones morales de los censores, se abordaran proyectos donde fuera posible una aproximación franca, pero no vulgar, a la ficción criminal en el cine. En cierto modo, el film supuso un primer paso para dinamitar lenta, pero irremediablemente, el corsé creativo impuesto por el código Hays. Es por esto por lo que, para muchos teóricos y analistas cinematográficos, *Perdición* se sitúa en los albores del género que conocemos como cine negro.

Cuestión muy distinta es la de determinar si la película de Wilder tuvo un carácter seminal, si fue o no el origen único de todo eso, si representa o no la quintaesencia del espíritu *noir*. Es evidente que antes de 1944, además de *El halcón maltés* (*The Maltese Falcon*, John Huston, 1941), vieron la luz cintas de corte *noir* –*Stranger on the Third Floor* (Boris Ingster, 1940), *¿Quién mato a Vicky?* (*I wake up screaming*, H. Bruce Humberstone, 1941), *Contratado para matar* (*This Gun for Hire*, Frank Tuttle, 1943), o *The Fallen Sparrow* (Richard Wallace, 1943) son solo algunos ejemplos–. Toda la historiografía coincide en la diversidad y profundidad de las raíces de este género.

El cine negro se nutrió también de la iconografía y de los escenarios suministrados por su antecedente cinematográfico más inmediato: el cine de *gangsters*. Aunque la figura del hampón tuvo cierto recorrido durante el cine mudo, el género gansteril tuvo su mayor fuerza tras el *crack* de 1929. Películas como *Hampa Dorada* (*Little Caesar*, Mervyn LeRoy, 1930), *Enemigo Público* (*The Public Enemy*, William Wellman, 1931) y *Scarface, el terror del hampa* (*Scarface*, Howard Hawks, 1932) contribuyeron a una cierta idealización de sus heterodoxos protagonistas. Eran personajes de extracción humilde que, en un entorno duro, competitivo y violento, lograban alcanzar el éxito social y económico gracias a sus puños, a su ingenio y a su audacia. Un temprano ejemplo de este trasvase entre géneros lo encontramos en *El último refugio* (*High Sierra*, Raoul Walsh, 1941), donde Humphrey Bogart tuvo la oportunidad "de inyectar algo de espesor, resonancia crepuscular y humanidad derrotada" (Heredero y Santamarina, 1996: 70) al personaje de Roy Earle. Sin embargo, el gánster *noir* que aparece protagonizando *Al rojo vivo* (*White Heat*, Raoul Walsh, 1949), *The Gangster* (Gordon Wiles, 1947), *El beso de la muerte* (*Kiss of Death*, 1947), *Horas desesperadas* (*The Desesperate Hours*, William Wyler, 1955) o *The Night Holds Terror* (Andrew L. Stone, 1955) ya no es el dinámico y peculiar emprendedor, impetuoso y seguro de sí mismo, sino más bien un individuo neurótico, vulnerable e incapaz de adaptarse al inestable mundo de posguerra. Es un solitario desesperado que

> no estaba siempre por elección deliberada en el lado contrario de la ley. La miseria, el aislamiento (*They Live by Night*, de Nicholas Ray) o el amor hacia una mujer (*The Killers*, de Robert Siodmak) podían conducirle a franquear la línea y encontrarse en un punto sin retorno (Guerif, 1988, 21).

Existe, por otro lado, una evidente conexión entre el *film noir* y la novela negra americana. Durante los años veinte, en revistas de corte popular como *Black Mask,* se había venido gestando una corriente literaria que, con Dashiell Hammett, Horace McCoy, W. R. Burnett, Raymond Chandler y James M. Cain a la cabeza, estaba renovando las bases del relato de temática criminal. Su estilo directo, con diálogos secos, cortantes e incisivos, salpicado de términos procedentes del argot callejero, delineaba un retrato desencantado de la sociedad norteamericana,

> desvelando, por medio de la representación literaria, la sórdida realidad de crimen, corrupción y chantaje que se ocultaba detrás del apacible mundo de las apariencias, detrás del escaparate que lucía el rótulo de los felices "años veinte" (Heredero y Santamarina, 1996, 50).

A principios de la década de los cuarenta, la industria de Hollywood, siempre ávida en su búsqueda de fuentes de inspiración, encontró en la novela negra un nuevo filón y casi un 20 por ciento de los filmes *noirs* producidos entre 1941 y 1948 fueron adaptaciones directas de relatos escritos por autores de esta corriente literaria (Krutnik, 1991, 33-4).

*Perdición* surge así en el momento más adecuado. El film de Wilder no hubiera sido posible sin la experiencia cinematográfica del cine de *gangsters* en la década anterior, ni se entendería al margen del enorme atractivo popular que gozaba en esos años la ficción policial. Cabría preguntarse por los motivos que hacen que esta cinta siga, 75 años después de su estreno, fascinando a espectadores de todo el mundo. Una de las razones tal vez sea su guion. Si uno lee la novela *Pacto de sangre* (*Double Indemnity*, James M. Cain, 1935), que dio pie al film, resulta indudable la habilidad y la perfección que hay detrás de su adaptación. Cain siempre elogió la adaptación de Wilder y Chandler:

> He visto *Perdición* media docena de veces y nunca me he aburrido. Wilder hizo un trabajo increíble. Es el único filme que se ha hecho a partir de uno de mis libros que contiene cosas que me gustaría haberlas pensado yo. El final de Wilder es mucho mejor que el mío, y la idea de que el protagonista contara la historia al dictáfono, la hubiera utilizado de habérseme ocurrido a mí antes (McClelland, 1992: 323-324).

Podría también señalarse que el repertorio visual de la película, con su estilo fotográfico de potentes y hermosos claroscuros, armoniza con la sordidez de la historia y, al mismo tiempo, lo refuerza y gana en matices. En *Perdición*, por otra parte, se abordan también temas universales: lo que queremos y cómo conseguirlo, todo lo que podemos llegar a hacer, incluso lo más abyecto e inimaginable, cuando la lujuria y la codicia se cruzan en nuestro camino. También se habla de la culpa, de esas vocecitas interiores que "se esfuerzan en mantener nuestros instintos bajo control" (Sikov, 2000: 244) y que, si bien es cierto que evitan que podamos caer en tentaciones peligrosas, a veces pueden conducirnos a la frustración y a la soledad. Pero quizás lo más importante es que *Perdición*, como otras cintas de Wilder, trasciende su propio género. Utiliza los recursos del relato criminal para hablarnos de los valores y la sociedad norteamericana durante la Segunda Guerra Mundial: en la trama hay sexo, codicia, rivalidad y traición, pero Wilder lo utiliza para cuestionar un sistema corrompido hasta la médula.

Todos estos son algunos motivos que permiten considerarla, no solo una película significativa en su momento, sino también para nuestro tiempo (Prigozy, 1984: 161).

## 2.2. Una laboriosa génesis

El origen del film es una novela corta de James M. Cain. Su nombre ocupa, junto a los de Hammett y Chandler, un lugar destacado en la fundación y desarrollo de la novela negra americana. Al contrario que sus dos colegas, Cain nunca hizo protagonista de sus historias a un detective privado sino a personas ordinarias, de extracción humilde, que, víctimas de la Gran Depresión, se veían forzadas a delinquir para sobrevivir. Sus vibrantes relatos de crímenes pasionales protagonizados por personajes mezquinos e inmorales, en los que se entreveraba la ambición con el deseo sexual desmedido, fueron utilizados por el escritor para criticar los valores e instituciones de una sociedad hipócrita y puritana, incapaz de garantizar una mínima seguridad económica a sus propios ciudadanos.

*Double Indemnity* fue publicada por la revista *Liberty* en una serie de ocho entregas, desde febrero hasta abril de 1936. Para urdir su relato, Cain se inspiró en el célebre asesinato cometido en Nueva York por Ruth Snyder y Judd Grey en 1927. A finales de marzo de ese año, la pareja de amantes se había ensañado, de un modo chapucero, con Albert, el marido de Ruth: lo golpearon y lo estrangularon con un trozo de cable para cobrar la indemnización de cien mil dólares de un seguro de vida que el incauto esposo había suscrito. En un primer momento, la joven viuda denunció el asalto y robo de la vivienda por unos maleantes. Según su declaración, los ladrones habían irrumpido en la casa buscando sus joyas, la habían golpeado y asesinado a su esposo. La policía tardó solo unas horas en desmontar su débil coartada. Acorralada, Ruth trató inútilmente de desviar las sospechas hacia su cómplice, que, al verse traicionado, reaccionó acusándola de haber tramado todo aquel sórdido asunto. Durante meses, decenas de corresponsales se establecieron en la ciudad para seguir, minuto a minuto, todos los detalles de la investigación, juicio, condena y ejecución de la pareja en la silla eléctrica en enero de 1928.

A partir de este suceso, Cain concibió la historia de Walter y Phyllis –de apellidos Huff y Nirlinder, respectivamente, en la novela–. En octubre de 1935, varios estudios cinematográficos –entre ellos la MGM, la Warner, la Paramount, la 20th Century Fox y la Columbia– remitieron el relato a la Oficina Hays. La reacción de Joseph I. Breen fue inmediata: en su informe expresaba su absoluto rechazo a un proyecto que consideraba una violación de los preceptos recogidos en el Código de Producción. No solo había amor adúltero y la descripción detallada de un crimen a sangre fría, sino que el suicidio final de los amantes podía interpretarse como una suerte de glorificación de los delincuentes. Nadie se atrevió entonces a desafiarlo y el proyecto quedó, al menos de momento, suspendido.

Ocho años después, cuando la historia se publicó en formato libro, el agente literario de Cain decidió enviar de nuevo algunos ejemplares a Hollywood. Aun conociendo el veto de la censura, el productor de la Paramount Joseph Sistrom se entusiasmó con la trama y se la propuso a Billy Wilder. Tras finalizar *Cinco Tumbas al Cairo* (*Five Graves to Cairo*, 1943), el cineasta estuvo durante un tiempo rumiando la posibilidad de rodar un musical, pero el visionado de *Las Modelos* (*Cover Girl*, Charles Vidor, 1944) lo disuadió: "por bueno que pudiera llegar a ser mi musical, la mayoría de la gente diría que no era como *Las modelos. Perdición* me pareció mejor oportunidad para dejar de piedra a Hollywood" (Sikov, 2000: 245). Wilder aceptó la dirección y en marzo de 1943, a través de Luigi Lurashi, encargado del departamento legal del estudio, envió la novela de nuevo a censura para su reconsideración.

En su respuesta, Breen ni siquiera se molestó en redactar un nuevo informe, sino que se limitó a enviar una copia exacta de la carta que en 1935 había remitido a la MGM. Si se quería adaptar la obra de Cain, debía ser a costa de una profunda labor de transformación y reescritura del texto original. Pese a estas reticencias, el estudio adquirió los derechos de adaptación por 15.000 dólares y dio luz verde a la elaboración del guion.

Wilder tanteó a Charles Brackett, con el que había formado, según sus propias palabras, "la pareja más feliz de Hollywood" y que había sido el coguionista y productor de los dos primeros filmes dirigidos por Wilder; sin embargo, al leer la novela, Brackett la consideró sórdida y repugnante. Las crónicas cuentan que hubo una violenta disputa entre ellos. En su diario, Brackett sugiere que la razón del altercado no fue

Cain y su relato, pues, según dejó escrito, cuando se enteró de que sería Sistrom el productor del film, se sintió traicionado y deprimido: "dudo seriamente que pueda jamás volver a trabajar de nuevo con Billy" (Slide, 2014: 213). Tras estos acontecimientos, se pensó en James M. Cain, pero tampoco se encontraba disponible. Fue entonces cuando William Dozier sugirió el nombre de Raymond Chandler.

Para Wilder, Chandler era un autor desconocido. Sistrom le proporcionó *El sueño eterno* y *La ventana siniestra*. Ninguna le resultó genial: sus estructuras le parecieron débiles y, en su opinión, carecían de la solidez de las "soberbias construcciones" de Conan Doyle, Agatha Christie o Dashiell Hammett. Sin embargo, a Wilder le gustó la capacidad innata del novelista para hacer suyo el argot de la calle y traducirlo en vivos y sarcásticos diálogos, sus descarnadas descripciones de la ciudad de Los Ángeles y la precisión con la que caracterizaba a sus personajes.

Cuando la Paramount contactó con él, Chandler dejó a un lado sus prejuicios y aceptó un suculento salario –unos 750 dólares semanales– por tres meses y medio de trabajo. Dentro del estudio, su base de operaciones se estableció en una pequeña oficina, de paredes desnudas, con unas cuantas sillas de oficina, un par de mesas y un único teléfono. Al principio se mostró algo nervioso e incómodo, puesto que no solo tenía que habituarse al horario estándar de un oficinista, sino a colaborar con otra persona. A punto de cumplir los cincuenta y cinco años, el solitario y retraído escritor se encontró con aquel joven austriaco de treinta y seis años, hiperactivo, mordaz e incisivo, que tenía por costumbre deambular por el despacho agitando en el aire su fusta de caña de Malaca.

Wilder era consciente de que Chandler no estaba familiarizado con el lenguaje cinematográfico ni con la escritura de guiones. Por esa razón, para empezar, sugirió que ambos, durante un fin de semana, trabajasen por separado en una aproximación inicial a la novela. Al lunes siguiente, mientras Wilder apenas había esbozado tres páginas con la primera escena de la novela, Chandler se presentó con un guion de 80 páginas con todo tipo de indicaciones técnicas. Después de leer el borrador, la opinión del cineasta fue despiadada: "Es una mierda". Herido en su amor propio, el novelista se sintió humillado, pero no protestó.

A principios del verano de 1943, comenzaron a trabajar. La atmósfera fue tan tensa que, una mañana de septiembre, Chandler decidió no acudir al estudio. Estaba harto de su compañero y así se lo hizo saber a Sistrom en un largo memorándum donde se quejaba de su grosería y de sus cuestionables hábitos de trabajo. Para reincorporarse exigió, entre otras cosas, que Wilder, además de quitarse su gorra de béisbol, debía abstenerse de beber en su presencia, de zanganear por el despacho, de coquetear con las secretarias y de interrumpir el ritmo del trabajo con sus continuadas llamadas telefónicas. Forzado por las circunstancias y a instancias del desesperado productor, Wilder aceptó a regañadientes y pidió disculpas. Solamente así consiguieron avanzar en la adaptación y presentar un primer borrador del guion para su revisión por censura el 25 de septiembre de 1943. Cinco días más tarde, y de un modo inesperado, Breen evacuó un sorpresivo informe donde se señalaba que, de momento, lo escrito no contravenía ninguna disposición del Código, pero advertía a los responsables del estudio que su dictamen solo sería firme con la versión definitiva de la película.

La Paramount puso entonces en marcha la maquinaria de la producción. Ya había dado luz verde a un presupuesto generoso –980.000 dólares, aunque el coste final ascendió a un total de 929.808,82 dólares–, de los cuales casi un tercio, distribuido en partes iguales, estaba destinado al pago del salario del trío protagonista.

El 27 de septiembre arrancó el rodaje de *Perdición* filmando el primer encuentro de los amantes asesinos en la casa de los Dietrichson. En paralelo, Wilder y Chandler continuaron afanados en un guion que fue creciendo al mismo tiempo que se rodaban las escenas. Durante los meses siguientes, hasta la conclusión del rodaje el 24 de noviembre, el equipo trabajó a buen ritmo y con mínimas incidencias. La más significativa fue, tal vez, la precipitada sustitución de Mona Freeman por Jean Heather en el papel de Lola, tan solo dos semanas después del inicio de la filmación.

Durante la postproducción, Wilder y Sistrom tuvieron que tomar una delicada decisión. Tal y como había sido concebida, la historia de Walter Neff debía concluir con su ejecución en la cámara de gas de la prisión de San Quintín. Con este dramático final, se había tratado de superar las reticencias de los censores con el desenlace original de la novela. En ella, los amantes escapan de la justicia en un barco rumbo a Sudamérica gracias a la complicidad de Keyes, pero durante la travesía deciden suicidarse tirándose juntos a un mar infestado de tiburones. Ya en su momento, la Oficina Hays había sugerido la conveniencia de suprimir esta novelesca conclusión pues, a su juicio, era inaceptable que los delincuentes acabaran con sus vidas, evitando las consecuencias de sus crímenes y dejando en entredicho la eficacia de la Justicia. Para satisfacer estos requerimientos, los guionistas concibieron una escena donde, de un modo crudo y sin rodeos, quedaba claro que sobre el asesino recaía todo el peso de la ley. Sin embargo, esta solución tampoco complació a los censores y advirtieron al estudio que, si el film se comercializaba con este final, podría ser vetado en muchos estados de la Unión.

La decisión no debió ser nada fácil. Para la escena se había presupuestado la construcción de una réplica exacta del corredor de la muerte y la cámara de gas de la popular prisión por un importe de unos 15.000 dólares, y su filmación se había proyectado para los días 17 y 19 de noviembre. Todo parece indicar que, con la película todavía en la mesa de montaje, se decidió eliminar la controvertida secuencia y, con pequeños retoques, concluir el relato del modo que conocemos. Esta versión definitiva del film fue aprobada finalmente por censura el 15 de diciembre de 1943. *Perdición* estaba lista para ser presentada en sociedad.

## 2.3. Recepción crítica

Los estudios eran cautelosos con sus productos y solían programar preestrenos para evaluar las reacciones del público. Gracias a los diarios de Charles Brackett (Slide, 2014: 237-238), se sabe que la película tuvo al menos tres pases privados en los que obtuvo comentarios muy positivos, los cambios sugeridos fueron mínimos y en la Paramount estaban entusiasmados con el resultado final. Cain estuvo entre los asistentes y confesó que, para él, *Perdición* era "una de las mejores películas que se han hecho jamás" (Hanna, 1944: 12). Por su parte, dolido por no haber recibido una invitación para los preestrenos, Chandler consideró que su colaboración con Wilder había sido no solo una "experiencia agónica" (Zolotoff, 1977: 115), sino que había sido una tortura que había acortado años a su vida. Charles Brackett dejó anotadas en sus diarios sus impresiones: "es una película fantástica, con un manejo impecable de la técnica cinematográfica" (Slide, 2014: 237). Pero el éxito de Wilder le dejaba un regusto agridulce: se alegraba, aunque, refiriéndose a la posibilidad de volver a trabajar con él, se lamentaba: "Nuestro futuro se ve negro. Con un éxito ligero hubiera sido posible. ¡Con esto...!". (Slide, idem).

La opinión de la prensa especializada fue unánime: la cinta no solo era un "absorbente" (*Variety*), "inusual melodrama" (*Motion Picture Herald*) y un sutil e "inolvidable estudio de la debilidad humana" (*National Board of Review*), sino que además contaba con unas "espléndidas interpretaciones y una brillante realización" (*Motion Picture Daily*)[1]. Se subrayó la capacidad de Wilder para narrar por medio de *flashbacks* una historia que, a pesar de desvelar la identidad del asesino desde un principio, conseguía mantener al espectador aferrado a su butaca hasta su desenlace. "Aquí lo que importa no es realmente la historia", afirmaban en el *Independent*, "sino la manera de contarla". Se alabó también el guion por su claridad, concisión y suspense, por su novedoso tratamiento cinematográfico del crimen –únicamente comparable al visto en *El halcón maltés*–, por sus maravillosos diálogos y por un trágico desenlace que, sin ofender el gusto de los más refinados, tenía la virtud de apelar al público menos exigente.

La campaña publicitaria ideada por el estudio para el lanzamiento del film presentaba a la pareja protagonista abrazada, bien de pie, bien recostados, mirándose fijamente a los ojos y a punto de besarse. Junto a ellos, en una pequeña viñeta, emergía el rostro flotante de Edward G. Robinson que, como una personificación de la conciencia, contemplaba la escena romántica. Un pequeño detalle, pero no menor, introducía en la composición un elemento inquietante: Fred MacMurray sostenía detrás de su compañera un revólver que, si bien tenía evidentes connotaciones fálicas, servía también de advertencia al espectador acerca de la verdadera naturaleza de su relación: "Él sostiene un arma en su mano, pero con su corazón ella apretó el gatillo", apostillaba una de las frases publicitarias. Otra frase, que dio lugar a una famosa anécdota, fue: "*Double Indemnity,*

1 Tanto estas referencias periodísticas como las que siguen en este epígrafe fueron consultadas en el Archivo Personal de Billy Wilder que, actualmente, se conserva en el Departamento de Colecciones Especiales de la Biblioteca Margaret Herrick de la Academia de Artes y Ciencias Cinematográficas de Hollywood.

las dos palabras más importantes en la industria del cine desde *Lirios Rotos"*. Al parecer, cuando Hitchcock la vio, le gustó tanto que envió un telegrama a Wilder que decía: "Desde *Double Indemnity*, las dos palabras más importantes son Billy Wilder".

*Perdición* se estrenó en el Paramount Theatre de Nueva York, el 7 de septiembre de 1944. Una amplia mayoría de los críticos que asistieron a la *première* se deshizo en elogios. Kate Cameron, por ejemplo, en el *New York News,* consideró que la adaptación había logrado captar la esencia de Cain y transformar su relato en un certero retrato del comportamiento criminal. Otros subrayaban el riesgo que se había corrido al convertir a dos canallas en protagonistas o ensalzaban la compleja y brillante estructura narrativa del film. En ese modo insólito de manejar el suspense, se quiso ver la influencia de Alfred Hitchcock, pero también de Fritz Lang en *M, el vampiro de Dusseldorf* (*M,* 1931). Muchos encontraron puntos de contacto –lo que era previsible– entre *Perdición* y *El halcón maltés*, mientras otros consideraban que, desde el estreno de *Avaricia* (*Greed*, Eric Von Stroheim, 1924), no se habían visto en Estados Unidos unas imágenes tan crudas y descarnadas. Para Archer Winsten, en el *New York Post*, Wilder era la confirmación del axioma sostenido por Preston Sturges de que el mejor director posible de un film era siempre su guionista. Y en general fue bien recibido el giro que MacMurray había dado a su carrera, al atreverse a encarnar por primera vez un papel dramático que tan abiertamente saboteaba su amable imagen cinematográfica.

Sin embargo, no todos fueron elogios. La nota discordante la pusieron dos de los críticos de cine más reputados e influyentes del momento: Bosley Crowther y James Agee. Desde el *New York Times*, el primero, y desde la revista *The Nation*, el segundo, ambos recibieron *Perdición* con cierto desdén y reticencias. En su columna cinematográfica, Crowther reconocía sin mucho entusiasmo los valores innegables de un film que, según sus propias palabras, "había sido diseñado sencillamente para congelar hasta el tuétano los huesos de la audiencia". Daba por descontado que la elegancia formal y la brutalidad de sus imágenes harían las delicias de los amantes del relato criminal, pero señalaba que el carácter violento del film "y la naturaleza académica de su argumento" limitaban también su atractivo. A juicio de Crowther, la motivación de los asesinos no era convincente, el personaje de Walter Neff resultaba demasiado ingenuo y no era creíble que cayese con tanta rapidez bajo el hechizo de la mujer fatal. El tono de James Agee fue más frío y distante. Para él, *Perdición* era un producto bien facturado que había devuelto una dosis importante de mordacidad y sarcasmo al cine norteamericano, pero no era ni novedosa ni arriesgada.

Pese a las expectativas del estudio y los parabienes de la crítica, el público recibió el film con moderado entusiasmo. Es posible que no estuviera todavía preparado para el tono agridulce y sombrío de sus imágenes. Quizá por esta razón su éxito fue notable, pero no clamoroso. Con *Perdición* no se perdió dinero, pero tampoco se generaron increíbles ganancias –la recaudación rondó los dos millones y medio de dólares (Philips, 2010: 70)–. Sin embargo, Wilder consolidó su prestigio dentro de la industria, que lo veía como un excelente guionista y como un director eficaz. Las puertas del estudio estaban abiertas para sus nuevos proyectos, y su larga y prometedora carrera cinematográfica no había hecho más que comenzar.

En reconocimiento a las cualidades de la obra, la Academia de Hollywood la nominó en cinco de las grandes categorías de los Oscar: mejor película, realización, guion adaptado, fotografía y banda sonora. Entre sus competidores se encontraba otra cinta de la Paramount: la empalagosa y sentimental comedia titulada *Siguiendo mi camino*. Pese a ello, Wilder confiaba poder alzarse con alguna de las estatuillas. No sabía entonces que, siguiendo instrucciones del estudio, todos los trabajadores de este iban a votar en bloque por el film de McCarey. La ceremonia de entrega se celebró el 15 de marzo de 1945 en el Teatro Chino, en pleno corazón de Hollywood Boulevard. Conforme iba transcurriendo la gala, la frustración de Wilder fue creciendo al ver cómo *Siguiendo mi camino* iba acumulando premio tras premio en las distintas categorías, incluida la de mejor guion, y dejando a *Perdición* con las manos vacías. Según recordaría años más tarde, su indignación estalló cuando Leo McCarey bajaba las escaleras rumbo al escenario para recoger su premio a la mejor dirección; sin poder evitarlo, cuando pasó junto a él, cruzó la pierna con disimulo en el camino de su colega y le hizo trastabillar durante unos segundos.

## 2.4. El universo autoral de Billy Wilder

En muchos sentidos, Billy Wilder fue siempre un verso suelto para Hollywood. Su carácter huraño, su cinismo y su misantropía le hicieron chocar frontalmente, no pocas veces, con los jerarcas de la industria. Pero aun así se le respetaba porque sus films gozaban del favor del público. Además, fue un director que supo adaptarse a las convenciones del cine clásico para hacerlas suyas. No tuvo reparo en cultivar una gran variedad de estilos y géneros cinematográficos. En su filmografía existen obras de denuncia social, bélicas, románticas, thrillers, *biopics* o, incluso, un musical tan fallido como pintoresco, *El vals de emperador* (*The Emperor Waltz*, 1948). Sus aportaciones para el cine negro fueron fundamentales. Ahora bien, donde brilló con luz propia fue en la comedia, que utilizó para hacer una radiografía feroz de una época marcada por la opulencia y el bienestar económico. Su particular humor negro, áspero y crudo, pero siempre divertido e ingenioso, lo convirtieron en uno de los maestros del género, a la altura de otros grandes como Frank Capra, Ernst Lubitsch, Preston Sturges o Howard Hawks. Pero, a diferencia de estos, Wilder fue mucho más insolente y atrevido al escoger los temas de sus filmes. Mientras la publicidad y la televisión optaban por construir una imagen idílica y complaciente de la sociedad norteamericana, Wilder abordó cuestiones tan controvertidas como la prostitución, el proxenetismo, el intercambio de parejas, el travestismo, el adulterio, el suicidio, el fraude, la corrupción moral, la hipocresía de las relaciones humanas, la vida cotidiana de los prisioneros en los campos de internamiento alemanes y la Guerra Fría. "Las comedias acerca de chicas neoyorkinas, de clase trabajadora, que ganan 60 dólares a la semana y aun así viven en apartamentos de paredes inmaculadas y visten con trajes de diseño siguen siendo populares, sin duda, pero no van conmigo", afirmaba el director (Giannetti, 1981: 330). Sostenía que una buena comedia podía encontrarse en cualquier parte, incluso en situaciones que tenían más que ver con la tragedia o el drama, que todo momento solemne tiene un lado potencialmente ridículo y esperpéntico y que, para encontrarlo, bastaba con cambiar ligeramente de perspectiva.

A pesar de los méritos que lo respaldaban, hubo un tiempo en el que la crítica cinematográfica dio la espalda a Billy Wilder. Cuando la teoría de autor se extendió por Europa, y se ensalzaron los nombres de Alfred Hitchcock, Nicholas Ray o Howard Hawks, la figura de Billy Wilder fue ignorada por los discípulos de André Bazin. Se le consideraba un director sin estilo definido, con cierto talento para la comedia –herencia de Lubitsch–, pero incapaz de afrontar con seriedad temas con verdadera enjundia (Sarris, 1968: 234). Cuando Andrew Sarris publicó *The American Cinema; directors and directions (1929-1968)* con el objetivo de importar a Estados Unidos el modelo crítico defendido por *Cahiers du Cinema*, consideró que solo unos pocos directores en Hollywood habían tenido la habilidad para, trascendiendo los condicionamientos tecnológicos e industriales, expresar sus puntos de vistas sobre la vida, el mundo y el ser humano de un modo claro, personal y reconocible. Así emprendió la tarea de elaborar una arbitraria y cuestionable catalogación de los realizadores en función de las características de su filmografía. Y determinó la existencia de un panteón de catorce genuinos autores entre los que estaban Hitchcock, David W. Griffith, Buster Keaton, John Ford, Ernst Lubitsch, Jean Renoir, Fritz Lang y Charles Chaplin. A Billy Wilder lo incluyó entonces en una categoría menor que, bajo la etiqueta "menos de lo que aparentan", agrupaba a aquellos cineastas que, a su juicio, contaban con más reputación que inspiración y carecían de un estilo visual reconocible. Según Sarris (1968: 166), los filmes del cineasta austriaco, además de presentar deficiencias a nivel visual y estructural, eran cínicos, de mal gusto, irresponsables y con cierta tendencia a la caricatura de trazo grueso. Los momentos más privilegiados de sus obras eran, para él, tan "condenadamente funcionales" que ocultaban cualquier otro rasgo de autoría (Sarris, 1991: 10). Mucho tiempo después, Sarris se arrepintió de no haberlo incluido (Sarris, 1998: 328). Su cambio de posición la hizo oficial en *Film Comment* en 1991 con el artículo: "Why Billy Wilder Belongs in the Pantheon?".

Wilder no tardó en reaccionar. Entrevista tras entrevista, insistió en que solo había hecho obras de entretenimiento para el gran público, no para un grupo selecto de *gourmets* cinematográficos. En opinión del director, no existía un único "estilo Wilder", sino tantos como films había realizado:

> No hago un solo tipo de películas, como Hitchcock, por ejemplo. O como Minnelli en sus grandes musicales para la Metro. Como cineasta, y creo que para la mayoría de nosotros es así, yo no soy consciente de la existencia de unos patrones. No somos conscientes de que "la película va a ser de este género". Como ocurre con la caligrafía, esto es algo que sale de forma natural. Así es como yo lo veo, así es como lo concibo. No puedo imaginarme a Monet pintando un paisaje y pensando:
>
> "Un momento, soy un impresionista. Por lo tanto, tengo que hacer esto de esta forma". No lo pensaba. Pintaba. (Porfirio, 2002: 101).

Siempre que pudo se mofó, con sarcásticos comentarios, de la teoría de autor y sus representantes. Ridiculizó el subjetivismo de la *Nouvelle Vague* y su gusto por colocar la cámara en los lugares más inverosímiles. Cuestionó los filmes de Godard y cualquier otro tipo de realización cinematográfica autorreferencial y pretenciosa donde la claridad de la narración clásica se viera sacrificada "en favor de un formalismo que dirige la atención hacia su propia virtuosidad" (Gemünden, 2008: 20). No encontraba nada original en la obra de Ingmar Bergman. Sostenía que, en una película, no debían existir planos injustificados, ni movimientos de cámara gratuitos, ni angulaciones impactantes. Afirmaba con vehemencia:

> Nunca encontrarán en mis filmes movimientos engañosos o caprichosas posiciones de cámara. Quisiera pensar que un movimiento puede ser elocuente, elegante, económico y lógico sin tener que rodar desde un agujero en el suelo, sin necesidad de colgar la cámara de una lámpara de araña o sin tener que bailar una polka con la *dolly* (Farber, 1971-72: 19).

Admiraba la elegancia, odiaba el virtuosismo desenfrenado. Por eso unas de sus señas de identidad es su clasicista simplicidad:

> Me gusta contar mis historias con un mínimo de interrupciones de la cámara. Los movimientos, los primeros planos y los cortes secos deber ser utilizados como los signos de puntuación de una novela. Deben enfatizar y no distraer; sorprender, pero no agotar por hacer un subrayado excesivo (Giannetti, 1981: 329).

En cierto modo, Wilder tenía razón. Desde un punto de vista formal, sus películas no son deslumbrantes. En ellas no hay grandes aspavientos técnicos, ni se busca epatar visualmente al espectador. Eso no significa, en modo alguno, que sus puestas en escenas sean anodinas o visualmente monótonas. Era un cineasta sensible y lo demostró participando activamente en la elección de cada detalle del vestuario, del *atrezzo* o de los decorados. Algunas de sus películas contienen momentos tan pregnantes que han quedado para siempre en la memoria de su público: Norma Swanson enajenada acercándose a la cámara al final de *El crepúsculo de los dioses* (*Sunset Boulevard*, 1950), Jack Lemon empequeñecido entre la multitud de oficinistas en *El apartamento* (*The Apartment*, 1960), la falda de Marilyn agitada por el aire de los respiraderos del metro de Nueva York en *La tentación vive arriba* (*The Seven Year Itch*, 1955) o las piernas de Barbara Stanwick desciendo las escaleras de su casa al comienzo de *Perdición*. Aun así, siempre se mantuvo dentro de los parámetros del cine clásico, incluso cuando este se vio desbordado por la rejuvenecedora irrupción de las vanguardias en los años sesenta.

Sostenía que los realizadores debían pasar desapercibidos, pero, sin embargo, hay algo en su filmografía que la hace fácilmente reconocible: un ingenioso y mordaz sentido del humor que empuñó como si fuera un afilado bisturí para escrutar la sociedad y el tiempo que le había tocado vivir. Por esta razón, hoy en día sus defensores consideran que su condición de autor no deriva tanto de la existencia de un estilo visual propiamente "wilderniano" como de la presencia de una serie de constantes temáticas, personajes, espacios y estrategias narrativas recurrentes, elementos todos ellos que están vinculados con esa faceta que Wilder practicó con maestría: la escritura. Para él, el éxito de una película radicaba en tener una buena historia que, al mismo tiempo que satisfacía las demandas del público general, ofreciera a las minorías intelectuales más selectas la oportunidad de disfrutar sin avergonzarse de un producto comercial. Buscaba distraer, no sermonear a sus espectadores, aunque eso no significaba que quisiera hacer obras totalmente planas, carentes de todo significado. Wilder empleó mucho tiempo, esfuerzo y energía en la construcción de guiones, que concebía como un mecanismo de relojería, labor que, curiosamente, nunca fue una tarea solitaria –especialmente fructíferas fueron sus uniones con Charles Brackett primero, con el que colaboró hasta en trece ocasiones, y con I. A. L. Diamond después, corresponsable de las mejores comedias de su última etapa– y en la que abundaron más las adaptaciones de materiales literarios preexistentes que el desarrollo de argumentos originales propios.

Si se quiere comprender mejor la figura y la obra de Billy Wilder, es necesario tener en cuenta no solo sus circunstancias personales, también el contexto histórico y social en el que se desarrolló su carrera. A Wilder le tocó vivir y trabajar en un periodo de la historia convulso, marcado por graves y profundas crisis económicas, enconadas disputas ideológicas y encarnizados conflictos bélicos. Todos estos acontecimientos influyeron de un modo profundo en su trayectoria tanto vital como profesional. Conviene recordar que el cineasta nació, a principios del siglo XX, en una pequeña localidad del entonces ya decadente imperio austrohúngaro, que se vio obligado a exiliarse a Estados Unidos a raíz del ascenso al poder de Hitler y que, durante la segunda guerra mundial, varios miembros de su familia –entre ellos su madre– murieron en los campos de concentración nazi. Con todas estas experiencias a sus espaldas –que quizás expliquen su peculiar y cáustico sentido del humor–, Wilder construyó una nueva vida en un país y en una industria que lo acogió con los brazos abiertos. En Hollywood disfrutó, desde bien temprano, de una posición envidiable. Dentro del sistema de Estudios, la división del trabajo era escrupulosa y, salvo casos muy excepcionales, los directores se limitaban a ilustrar los textos elaborados por otros. Como bien señala Stephen Farber (1971-72: 9), "la ironía del tardío 'descubrimiento' de Wilder es que es uno de los pocos realizadores americanos cuyas películas revelan un distintivo punto de vista, claramente personal" y esto lo consiguió porque, en su condición de guionista-director, siempre mantuvo el control de sus proyectos desde sus estadios más tempranos. Esta privilegiada posición se reforzó a partir de *El gran carnaval* (*Ace in the Hole*, 1951), cuando se convirtió además en el productor de casi todo el resto de su filmografía.

Como exiliado, Wilder también fue un cineasta crítico y descreído con el tiempo que le había tocado vivir. Utilizó su fino y corrosivo sentido del humor para poner en evidencia la hipocresía moral de la sociedad norteamericana, que durante la guerra fría vivió tensada entre sus pulsiones consumistas y su intrínseco puritanismo. Fue un agudo observador que mostró sentimientos ambivalentes tanto hacia el país que lo acogió como hacia la cultura europea que había dejado a sus espaldas. Aunque Wilder plantea esta relación entre Estados Unidos y el Viejo Continente en términos de incomprensión mutua, de colisión inevitable entre un mundo anclado en la tradición y el otro devorado por el frenesí de la obtención de un rápido beneficio, jamás idealizó ni a uno ni a otro. La actitud altiva e impaciente de Wendell Armbruster Jr. con las indolentes costumbres italianas en *¿Qué ocurrió entre mi padre y tu madre?* (*Avanti!*, 1972) es paradigmática, pero también se puede rastrear ya en *El vals del emperador, Berlín Occidente* (*A Foreign Affair*, 1948), *Traidor en el infierno* (*Stalag 17*, 1953) o en *Un, Dos, Tres* (*One, Two, Three*, 1961).

En alguna ocasión, sus detractores le reprocharon su falta de audacia, acusándole de cerrar sus historias con finales que atemperaban la crudeza de su mirada y su cinismo para obtener el favor del público mayoritario. Sin embargo, siempre que pudo, no tuvo reparos en romper ciertos tabúes sexuales como la pederastia con la figura de la "protololita" de *El mayor y la menor* (*The Major and Minor*, 1942), la prostitución en *Irma la dulce* (*Irma la Douce*, 1963), el intercambio de parejas en *Bésame, tonto* (Kiss Me, Stupid, 1964), el travestismo y la homosexualidad en *Con faldas y a lo loco* (*Some Like it Hot, 1959*), o el adulterio en ¿Qué ocurrió entre mi padre y tu madre? y *Perdición*. Por si todo esto fuera poco, puso además sobre la mesa las devastadoras consecuencias derivadas del consumo de alcohol en *Días sin huella* (*The Lost Weekend,* 1945), se atrevió a presentar el lado más mezquino y amargo de Hollywood en *El crepúsculo de los dioses*, a hacer una cruda radiografía de los medios de comunicación en *El gran carnaval* o en *Primera Plana* (*The Front Page,* 1974), a mofarse tanto de los oficiales nazis en *Traidor en el infierno* como de las fuerzas de ocupación aliadas y del supuesto éxito de la "desnazificación" en Alemania en *Berlín Occidente*, y, en un tiempo de guerra fría y caza de brujas, a ridiculizar, no solo los excesos del comunismo, sino también la actitud de los colonizadores americanos que, con el plan Marshall, inundaron Europa con dólares y coca-colas en *Un, Dos, Tres.*

Aunque proyectaba en sus películas una visión desencantada de las debilidades humanas, "tanto si sus personajes cruzan los límites de la moralidad sexual o del crimen, como si transgreden los códigos morales, Wilder se resiste a condenarlos" (McNally, 2011: 3). Para él, la naturaleza no convierte a los hombres en seres malvados, solo más débiles. Sus protagonistas masculinos son cínicos, caraduras, maniáticos, impertinentes, entregados a su trabajo, con ataduras emocionales ligeras o inexistentes, y valores morales laxos o poco definidos. Sefton, en *Traidor en el infierno,* o Chuck Tatum, en *El gran carnaval,* son seres despreciables en muchos aspectos, pero en el fondo tienen un coraje y un sentido de la integridad que ponen en evidencia toda la corrupción y la inmoralidad que les rodea.

Pero Wilder no solo era implacable en el retrato de sus insolentes protagonistas, sino incluso con aquellos otros personajes que luchan contra el crimen o la corrupción y que, en las tramas, suelen funcionar como la voz de la conciencia. Son figuras paternales que, además, están ligadas emocionalmente con el canalla que protagoniza la historia. La comprometida congresista Phoebe Frost de *Berlín Occidente* es un buen ejemplo de ello, pero también el tenaz abogado de *Testigo de cargo* (*Witness of Prosecution*, 1957), el padre detective de *Ariane* o, incluso, la versión que Wilder hizo del célebre personaje de Conan Doyle en *La vida privada de Sherlock Holmes* (*The Private Life of Sherlock Holmes*, 1970). Todos ellos son investigadores modélicos, honestos, dedicados, inteligentes y compasivos, pero se les presenta como seres solitarios y algo misántropos. Frost solo consigue romper su aislamiento cuando, a través del amor, cambia y se muestra más tolerante con las debilidades de los demás. En el caso de Barton Keyes, en *Perdición*, Wilder no fue tan piadoso. Neff, en un momento de la trama, lo describe como un viejo gruñón, siempre gritando a voz en cuello como un poseso y siempre enfadado con el mundo. "Vemos que este hombre a pesar de su integridad, o debido a ella, está condenado a una absoluta soledad" (Farber, 1971-72: 11). Además, al contrario de lo que sucedía con Frost, para Keyes no hay tabla de salvación, pues al final de la película no solo va a cargar con esta soledad que ya traía consigo, sino con el desengaño de haber visto traicionada su confianza por Walter Neff, la única persona cercana que apreciaba.

Es lógico que el visionado de sus films resulte una experiencia incómoda: Wilder interpela al espectador, le obliga a abandonar su zona de confort y enfrentarse a situaciones y a personajes enojosos. En sus películas, la ambición y la lujuria suelen ir de la mano. Los personajes utilizan abiertamente el sexo para mejorar su estatus social u obtener un beneficio económico –Phyllis es un claro ejemplo de ello, pero también Joe Gillis en *El crepúsculo de los dioses*, Polly en *Bésame, tonto* o Lorraine Minosa en *El gran carnaval*–. Hay algo perturbador en la manera en la que Phyllis y Neff planean los detalles de su crimen entre latas de conservas y productos infantiles. Con la misma precisión con la que están dispuestas las mercaderías en los estantes del supermercado, la pareja de amantes prepara el asesinato y su coartada atendiendo a criterios de eficacia y rentabilidad. En *El apartamento,* al público puede divertirle la efervescencia que se respira en esa colmena de trabajadores alienados, pero la sonrisa se troca en mueca cuando descubre el modo miserable en el que C. C. Baxter trata de aprovecharse de la doble moral reinante en la oficina para medrar y ascender en el escalafón. En realidad, el personaje interpretado por Jack Lemon es un pobre diablo ingenuo y charlatán que trata de sobrevivir en un mundo implacable. Comparte C. C. Baxter con Walter Neff que ambos son agentes de seguros, y ambos tienen un punto de candidez, pues creen conocer bien las reglas y las grietas del sistema. El primero trata de explotarlas con eficiencia empresarial, el segundo transgredirlas desde dentro. Cuando se dan cuenta de su error, tratan de enmendarse, de tener un último gesto de dignidad. Neff se confiesa ante Keyes, trata de evitar que el novio de Lola se vea implicado en el asesinato y acabar con Phyllis; Baxter renuncia a su puesto de trabajo y decide buscar nuevos horizontes. Al final, los dos ven truncadas sus ambiciones, y el principio de realidad se impone: con cierto sabor agridulce en el caso de *El apartamento*, con mayor severidad en el caso de *Perdición*. Baxter tiene ante sí un futuro incierto, a Neff le espera la cámara de gas. Como les ocurre a casi todos los héroes de Wilder, la narración les ofrece la oportunidad de redimirse en el último minuto, dar muestras de su calidad humana, volver a ser un *mensch*. "En todos los casos, el protagonista tiene que elegir entre el dinero y la felicidad o tranquilidad de la conciencia. Siempre se ve sometido a la prueba de fuego de sacrificar la seguridad material por un bien moral" (Sinyard y Turner, 1979: VI). Sin embargo, algunas de estas redenciones de última hora no son suficiente motivo para que la narrativa acuda en su ayuda. Tanto Neff como Tatum o Joe Gillis mueren a manos de sus amantes. Eximen su culpa, pero no salvan sus vidas.

Muchas de sus películas, incluso las más dramáticas, se sostienen sobre una mentira: la pareja de adúlteros de *Perdición* engañan y se engañan; en *El crepúsculo de los dioses*, Norma Desmond vive atrapada en sus propias mentiras; en *Sabrina* (1954), Linus pretende estar enamorado de la ingenua jovencita solo para resguardar sus intereses comerciales, y en *Con faldas y a lo loco*, dos hombres fingen ser un par buenas muchachas. Y en todas ellas existe un momento crucial, en el que "el protagonista –que suele ser, en el fondo, una persona amable y comprensiva– se arrepiente, entra en crisis y tiene que tomar una decisión. Al final renuncia a la farsa y reconoce su culpa ante la persona que más ha perjudicado" (Mast, 1979: 272).

Según los géneros, la respuesta del cineasta ante la mentira es diferente: en el cine negro, un mal comportamiento nunca queda impune y Wilder se muestra inmisericorde con Walter Neff, Joe Gillis y Charles Tatum; en sus comedias, por el contrario, prefiere dar una escéptica oportunidad a los personajes dejándoles entreabierta una puerta a la esperanza.

Relacionado con la mentira está el engaño, otro de los temas recurrentes en la filmografía de Wilder. Tanto en *Perdición* como en el film *En bandeja de plata* (*The Fortune Cookie*, 1966), sus protagonistas se confabulan para defraudar a una aseguradora. Esta simulación se materializa a través de personajes que, por las más diversas razones cómicas o dramáticas, adoptan un disfraz para ocultar su verdadera identidad. Hay argumentos donde el enmascaramiento es algo anecdótico –la imitación de Charlot que hace Norma Desmond en *El crepúsculo de los dioses* o la falsa apariencia de sacerdote que adopta el asesino a sueldo en *Aquí un amigo (Buddy, Buddy*, 1981)–, y existen otros en los que, por el contrario, toda la estructura de la trama gira en torno a un fingimiento –*En bandeja de plata* y *¿Qué ocurrió entre mi padre y tu madre?*–. En unas ocasiones, el simulacro implica un cambio de edad –*El mayor y la menor*–, en otras de nacionalidad –*Cinco tumbas al Cairo, Berlín Occidente, Testigo de cargo, Irma la dulce* o *La vida privada de Sherlock Holmes*– o de identidad sexual –*Traidor en el infierno* o *Con faldas y a lo loco*–. En otras, la impostura consiste en el autoengaño –Don no reconoce su alcoholismo en *Días sin huella*–, en suplantar a otras personas –como Polly a Zelda en *Bésame, tonto* y la joven Antonia a su madre en *Fedora* (1978)– o en adoptar, por amor, una personalidad completamente distinta –como sucede en *Sabrina y Ariadne* (*Love in the Afternoon,* 1957)–. A veces ocurre que las imitaciones terminan vampirizando al imitador, como les pasa a Nestor Patou en *Irma la dulce* y a Jerry en *Con faldas y a lo loco*. En cualquier caso, como señala Happ (2003: 34), esta fue una estrategia narrativa muy eficaz para Wilder porque

> un argumento en el que el disfraz físico o psíquico tenga un papel importante logra implicar al público mediante una técnica muy fiable: la discrepancia entre niveles de conocimiento. En otras palabras, cuando el público sabe más sobre lo que ocurre en una escena que al menos uno de los personajes, se siente más listo, se fija más y capta las sutilezas. Se producen ironías cómicas y dramáticas.

Con esta misma finalidad y con la misma asiduidad, Wilder dotó a algunos objetos de una función narrativa sustancial que los convertía en verdaderos elementos vertebradores de toda la historia. Así, los objetos adquieren un poder como útiles significantes que no pasan desapercibidos al espectador. La fuerza de este recurso estriba en que, gracias a su repetida aparición en pantalla, unas veces como gag visual, otras con una función más dramática, consigue atrapar la atención del público y establecer con él una eficaz relación de complicidad. Es lo que ocurre, por ejemplo, con la botella en *Días sin huella*, el chucho descastado y la aristocrática caniche en *El vals del emperador*, el cinturón y los tirantes en *El gran carnaval*, la bombilla en *Traidor en el infierno*, el ala del sombrero de Bogart o las copas de champán en *Sabrina*, el remo olvidado en *La tentación vive arriba*, el monóculo y el termo de *Testigo de cargo*, la medalla de San Cristóbal en *El héroe solitario* (*The Spirit of St. Louis,* 1957), el paraguas de Ilsa Hoffmanstal en *La vida privada de Sherlock Holmes*, las medias verdes y el sifón en *Irma la dulce*, el reloj de cuco en *Un, Dos, Tres,* los guantes blancos de la falsa *Fedora* o las llaves y el espejo roto en *El apartamento*. En *Perdición*, es significativa la tobillera de Phyllis, alhaja que define la naturaleza sensual de su dueña y también la pasión fetichista que va a desatar en el protagonista. Y, por otro lado, no menos importante es el papel que cumplen las cerillas y los cigarros habanos que, utilizadas en un ritual reiterado en el film, son expresión no verbal de la íntima relación de camaradería que existe entre Barton Keyes y el agente de seguros.

## 3. Sinopsis argumental

Un automóvil cruza la ciudad en medio de la noche hasta detenerse en el exterior de la sede de la aseguradora *Pacific All-Risk*. Walter Neff, uno de sus empleados de mayor éxito, sale del coche tambaleante y sube hasta su despacho. Allí coge su dictáfono y comienza a contar su historia para su colega y amigo Barton Keyes.

Relata el primer encuentro con la seductora Mrs. Phyllis Dietrichson en el barrio Los Feliz, al norte de Los Ángeles. Aunque su objetivo era simplemente la renovación de un seguro para el automóvil familiar, pronto se descubre flirteando con la dueña de la casa. Indiferente a sus insinuaciones y de manera aparentemente casual, ella se interesa por las posibilidades de suscribir una póliza de vida –con doble indemnización en caso de accidente– para su marido, sin que él tenga conocimiento de ello. Neff intuye que, en realidad, la solícita esposa pretende asesinar a Mr. Dietrichson para embolsarse la compensación contemplada en el contrato del seguro.

Más tarde Phillys aparece en el apartamento de Neff para convencerlo de que la ayude en su maquiavélico plan. Cautivado por la bella mujer, el agente de seguros elabora un plan detallado para acabar con la vida del marido: si se simula un accidente desde un tren en marcha, la "acongojada" viuda podrá reclamar el dinero sin sospecha de la compañía.

En un principio, Keyes, el tenaz detective de la aseguradora, da por buena la reclamación de Phyllis como principal beneficiaria, pero pronto su intuición le hará recelar: todo es demasiado limpio y perfecto, y, cuando la pareja ya se creía a salvo, Keyes termina por tener la absoluta certeza de que la muerte de Mr. Dietrichson no es casual y que Phyllis, ayudada por un cómplice desconocido, ha tenido algo que ver en este extraño caso.

Pero Neff no solo está preocupado por el celo profesional de Keyes. Lola, la hija del primer matrimonio de Mr. Dietrichson, acude a él para convencerlo de que su madrastra es una asesina sin escrúpulos. Consciente de que la pasión inicial por la voraz esposa se ha desvanecido, descubre que esta se está viendo con Zachetti, el novio de su hijastra, a sus espaldas. Encelado y con remordimientos, Walter comienza a idear la manera de salir airoso de la situación. Para desviar la atención, trata de aprovechar la oportunidad que le ofrece el propio Keyes, que considera al pretendiente de Lola cómplice de Phyllis.

Neff planea entonces matar a Phillys, esperando así que Zachetti cargue con la culpa del asesinato del matrimonio Dietrichson. Pero Phyllis también planea matar a Neff y, cuando se reúnen, terminan disparándose el uno al otro. Mortalmente herido, Neff regresa a su oficina, donde, mientras dicta su confesión, Keyes lo encuentra. Walter trata de escapar con intención de traspasar la frontera mejicana, pero apenas da unos pasos y se derrumba antes de llegar al ascensor.

## 4. Estructura del film

*Perdición* es, desde un punto de vista estructural, una película ciertamente compleja porque todo su armazón dramático se sostiene en la exhaustiva y original utilización del *flashback*. Por esa razón su despliegue narrativo puede resultar alambicado y confuso, especialmente si se lo compara con la habitual organización de los relatos en el Hollywood de aquella época. Sin embargo, esta circunstancia no debe llevar a engaño al espectador: si se analiza con detenimiento la arquitectura narrativa de *Perdición,* muy rápidamente se pone en evidencia que existe –precedida de un prólogo– una estructura subyacente tripartita, de corte clásico y de inspiración aristotélica, que se apoya en la presencia de un planteamiento, un nudo y un desenlace. Esas idas y venidas del presente al pasado y viceversa, en realidad solo camuflan –sin ocultarlo del todo– el verdadero esqueleto de la película.

El arranque del film es singular. Tras los créditos, el planteamiento de la película, de una media hora de duración, arranca con una primera secuencia que, a modo de prólogo, marca el tono de toda la historia. En esta presentación se establece el escenario y la época en la que transcurre la acción. Estamos a finales de mayo de 1938, el protagonista llega malherido a su despacho para, en un largo memorándum dirigido a su compañero de trabajo, confesarse autor de un asesinato. El espectador se ve sorprendido por dos estrategias narrativas originales. La apertura de Wilder es arriesgada, pues no solamente opta por comenzar la historia pocos momentos antes de su desenlace, sino que también opta por desvelar, desde un principio, uno de los misterios sobre los que se sostiene el cine criminal. A continuación, por medio de un fundido encadenado y utilizando la voz en *off*, la historia se remonta seis semanas atrás. A partir de aquí, será el propio Walter Neff, y no un narrador omnisciente, quien dirija la narración. De este modo, el público conocerá los acontecimientos únicamente a través de su punto de vista y, por tanto, asistirá a un relato parcial y subjetivo[2].

El nudo o desarrollo de *Perdición* dura menos de una hora y se articula en 12 secuencias y 258 planos. La trama adquiere mayor complejidad, pues en su desarrollo se podría considerar la existencia de dos actos perfectamente definidos. En el primero, se describe el diseño y la ejecución del plan elaborado por los pérfidos amantes; en el segundo, arranca la investigación, y el personaje de Keyes adquiere un papel mucho más relevante. Por esa razón, la mayor parte de la acción de este segundo acto transcurre en distintas dependencias de la agencia aseguradora. Es también el momento en el que la solidez de las coartadas se pone a prueba, y cuando todo el entramado criminal comienza a derrumbarse. Fiel a su estilo, Wilder utiliza una puesta en escena funcional, sin estridencias. La planificación está supeditada a la acción, siguiendo un orden lógico que modula la escala de los planos en función de la intensidad dramática de lo que está aconteciendo en pantalla. Como en el planteamiento, el uso del *flashback* y la voz en *off* es constante. Con el narrador, el tiempo cinematográfico va y viene

2 En teoría, Walter Neff es testigo directo de todo lo que relata y, en consecuencia, su presencia en todas y cada una de las escenas del film debería ser obligada. Sin embargo, hay una excepción cuando, en la secuencia 19ª, vemos que Phyllis esconde un revolver bajo el sillón antes de Neff llegue a la casa para su última cita.

del presente al pasado, puntuando la acción, encadenando escenas y secuencias.

El desenlace de *Perdición* consta de 3 secuencias y 53 planos. Es, con mucho, la parte menos extensa, unos 17 minutos. No hay variaciones sustantivas en cuanto a la planificación, puesta en escena o estilo visual. Como en el resto del film, la narración en *off* y los *flashbacks* menudean y articulan todo su armazón narrativo.

Presentamos a continuación un cuadro-resumen que, a modo de una singular "hoja de ruta" fílmica, sirva de guía al lector para todas y cada una de las secuencias y escenas de la película.

| Partes | Secuencias | Planos | Minutos |
|---|---|---|---|
| **Créditos** | | | 1:26 |
| **Planteamiento** | 1ª. Prólogo. Una confesión al dictáfono | 1-10 | 29:29 |
| | 2ª. El dulce olor a madreselva | 11-37 | |
| | 3ª. Barton Keyes entra en escena | 38-54 | |
| | 4ª. Todas las cartas sobre la mesa | 55-77 | |
| | 5ª. Ese tentador jersey de angora | 78-114 | |
| **Desarrollo** | 6ª. Doble indemnización | 115-148 | 55:59 |
| | 7ª. Entre latas de conservas | 149-155 | |
| | 8ª. En marcha la maquinaria | 156-169 | |
| | 9ª. Preparando una coartada | 170-176 | |
| | 10ª. Tres toques de claxon | 177-202 | |
| | 11ª. ¿Y qué hacemos ahora con el cadáver? | 203-243 | |
| | 12ª. Una extraña muerte accidental | 244-291 | |
| | 13ª. No me fío de las apariencias | 292-316 | |
| | 14ª. Las sospechas de Lola | 317-332 | |
| | 15ª. Un testigo incómodo | 333-353 | |
| | 16ª. Juntos hasta el final del camino | 354-366 | |
| | 17ª. Phyllis tiene otro amante | 367-372 | |
| **Desenlace** | 18ª. La suerte está echada | 373-379 | 17:17 |
| | 19ª. Tiroteo entre amantes | 380-415 | |
| | 20ª. El último suspiro | 416-425 | |

# 5. Análisis fílmico

Antes de comenzar, se debe aclarar que en el análisis se ha utilizado la edición norteamericana, digitalmente remasterizada, comercializada en formato *Blu-ray* por la Universal en 2015. Por tanto, se ha trabajado con la película en su versión original y no con la doblada al castellano durante la época franquista. Se ha considerado que, si se perseguía un examen serio y riguroso de la obra, no había otra opción. No es necesario insistir en que la única manera de apreciar correctamente un film es escuchando su banda sonora original completa. Para los distribuidores españoles de aquel momento, este era un detalle sin importancia. Basta comparar las versiones en inglés y en español –en España se recomienda la edición coleccionista editada en DVD por el sello Resen en 2007– para darse cuenta de que una parte sustancial de los efectos de sonido ideados para la película y de la música compuesta por Miklós Rózsa fue suprimida en nuestro país sin ningún tipo de escrúpulo.

## 5.I. Títulos de créditos 0h. 00'00"

En el cine clásico la narración solía comenzar antes de que lo hiciera la acción. Esos escasos segundos que duraban los títulos de créditos servían para introducir al público, visual y musicalmente, en la atmósfera de la película. En *Perdición* se hace de un modo magistral. Coincidiendo con la aparición del logo característico de la Paramount, la banda sonora irrumpe marcando con inquietante dramatismo el tono de la historia. Un sonido de advertencia quiebra el silencio. A continuación, sobre un fondo neutro, un individuo con muletas y a contraluz avanza pesadamente hacia el espectador hasta oscurecer por completo la pantalla[3]. Al permanecer sus facciones siempre a oscuras, este potente y rico motivo visual se presta a diversas interpretaciones: es, sin duda, una clara referencia a la víctima del complot ideado por la pareja protagonista, pero también a su asesino que, para borrar las huellas de su crimen, se ve obligado a

3 Al parecer, para *Perdición*, Wilder se inspiró en los créditos de *Sabotaje* (*Saboteur*, Alfred Hitchcock, 1942), aunque los suyos tienen un tono fatalista y una fuerza visual de la que carece el film del cineasta británico.

suplantarlo. A un nivel más profundo, esta inquietante silueta se puede vincular iconográficamente con las representaciones que, en ciertas culturas, se hacen del destino y la culpa, en las que se las muestra como sombras implacables que sobrevuelan el porvenir de los seres humanos. Esta perturbadora atmósfera se ve reforzada por la banda sonora que, como una obertura fúnebre, anuncia y predispone anímicamente a la audiencia. Sobre la base del *ostinato* rítmico de la percusión, una melodía de violines repite de forma reiterativa una breve idea musical, creando un clima solemne, lleno de patetismo y fatalidad.

Antes incluso del título de la película, aparecen en pantalla los nombres de los tres protagonistas: Fred MacMurray, Barbara Stanwyck y Edward G. Robinson. Debió ser una sorpresa que Fred MacMurray, habitual de comedias ligeras y encarnación de los valores del americano medio, figurase al frente de un melodrama criminal tan cínico y negro como este. El actor dudó antes de aceptar un papel que, según creía, podía poner en riesgo su apacible carrera cinematográfica, y solamente la insistencia de Wilder consiguió convencerlo. Stanwyck también vaciló. Pertenecía a una casta de actrices que, como Joan Crawford, Bette Davis o Katherine Hepburn, había representado a mujeres con arrestos, modernas e independientes. Temerosa de perder el favor de sus fans, titubeó, pero Wilder la persuadió apelando a su orgullo profesional: "¿Qué eres, un ratón o una actriz?" (McClelland, 1992; 354-355), le espetó el cineasta. En sus memorias, Edward G. Robinson (1973: 236) apenas da importancia a su participación en *Perdición*; únicamente recordaba haber estado preocupado por la posición que iba a obtener en el reparto, aunque era consciente de que por su edad y aspecto no podía aspirar a nada más.

Con un lento fundido encadenado, aparece el rótulo con el título original de la película: *Double Indemnity*. Si lo comparamos con el que se utilizó para la distribución del film en España, resulta mucho menos lírico y más prosaico. A continuación, se van sucediendo diversos rótulos con los actores secundarios, los guionistas y el resto del equipo técnico y artístico. Cuando finalmente aparece el nombre del director, Billy Wilder, la figura con muletas ha oscurecido ya toda la pantalla. Los créditos del film concluyen con un fundido encadenado que, sin más dilaciones, introducen al espectador en la historia.

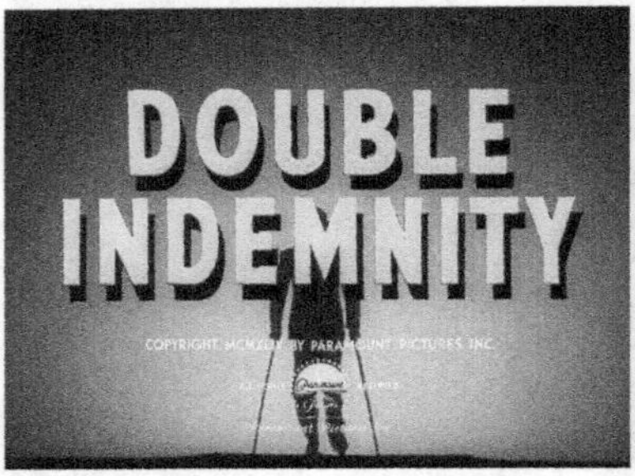

## 5.2. Planteamiento: Hacia el abismo

### 5.2.1. Prólogo. Confesión ante un dictáfono **0h. 01'25"**

El arranque del relato es impetuoso. Acompañados por un nuevo tema musical de Rózsas, de carácter enervante y dominado por la sección de cuerda, los cuatro primeros planos del relato nos sitúan en las solitarias calles del centro de Los Ángeles. Un errático automóvil avanza a toda velocidad, derrapando y haciendo caso omiso a las señales de tráfico. Finalmente, el coche aparca frente a un edificio; de él sale un individuo que, con el abrigo sobre los hombros, camina con dificultad. Es Walter Neff que, herido, llega a la sede de la aseguradora *Pacific All-Risk*. La cámara, claramente semisubjetiva, todavía nos oculta su rostro. Se le ve de espaldas y envuelto por las sombras. El control del relato todavía está en manos de un ente externo que, aunque cederá en breve este testigo al personaje narrador, se sitúa por encima de Neff y hará posible los aspectos visuales no subjetivos. El conserje abre la puerta y lo acompaña en el ascensor hasta la duodécima planta. Se descubre entonces uno de los escenarios del film: la oficina donde trabaja el protagonista. Es un espacio singular de claras reminiscencias *art decó:* dos alturas comunicadas por un patio interior. En el piso inferior se alinean, con rigidez matemática, varias mesas de trabajo, a esta hora desocupadas. En el piso superior, una galería abierta con barandilla y de paredes marmoleadas comunica con los diferentes despachos de los agentes y ejecutivos de la compañía. El hecho de que el despacho de Neff se encuentre en esta zona alta indica su posición dentro de la agencia. Más adelante sabremos que es uno de los empleados más eficaces y productivos.

El lugar donde trabaja Walter está a oscuras. Billy Wilder quiso que el operador John Seitz, que ya había trabajado con el cineasta austriaco en su anterior film, *Cinco tumbas al Cairo,* se hiciera cargo de la fotografía. Su descarnado estilo fotográfico, con su iluminación "realista" y expresiva, era perfecto para la historia. En algunas ocasiones, como en los planos finales de este prólogo, la oscuridad es prácticamente total. No es algo gratuito, no es solo algo físico, también adquiere un valor semántico sustancial, pues expresa con elocuencia el derrumbamiento moral de Walter. Apenas se pueden apreciar los movimientos del protagonista por la estancia hasta que llega a su escritorio y enciende un flexo. Este gesto es también significativo: Neff renquea porque se siente débil por la herida que mana de su hombro y, también, por el peso de la culpa.

Poco esclarece la débil luz que lo rodea: al fondo, un archivador, un dosificador de agua y una silla; sobre la mesa (que es compartida), informes, un par de plumas estilográficas, bandejas con documentos, un cenicero con varias colillas, una agenda y un teléfono. Todo parece organizado, colocado en perfecto orden, dejando entrever su carácter metódico. Walter ha regresado al lugar que fue testigo de sus éxitos, un espacio donde hoy reina la oscuridad. La agencia representa su mundo anterior, donde imperaba la lógica y la razón, no los bajos instintos. La mesa de su despacho se convierte así en un último refugio, allí donde puede reencontrarse consigo mismo y reconocer sus faltas. Si al encender la lámpara trata de disipar las tinieblas, igualmente con la "confesión" pretende despojarse de su remordimiento.

Después de comprobar el dictáfono, un primer plano de Neff nos prepara para lo que vamos a escuchar. Sudoroso, con la voz quebrada y con la respiración entrecortada, comienza a desgranar su relato. Trata de actuar con diligencia profesional, indicando el remitente, Barton Keyes, y la fecha, 16 de julio de 1938, pero enseguida el tono de sus palabras desvela que, más que un informe, parece estar dictando una carta personal: "Querido Keyes. Supongo que llamarás a esto una confesión cuando lo oigas. A mí no me gusta la palabra confesión, lo que quiero es informarte de algo que no viste por tenerlo demasiado cerca". Neff parece estar desahogándose ante un amigo: "Creíste que lo tenías todo, todo muy bien preparado y resuelto, perfecto. Pero no era así porque cometiste un error, un pequeño error. Cuando se trató de coger al asesino, cogiste al que no era. ¿Quieres saber quién mató a Dietrichson?". Walter Neff está a punto de contravenir una de las reglas de oro del género policíaco tradicional: desvelar el misterio al comienzo de la historia. Efectivamente, Neff reconoce abiertamente que él es el asesino del señor Dietrichson: "Sí, yo lo maté. Lo maté por dinero y por una mujer. Y ni conseguí el dinero, ni conseguí la mujer". Este atrevimiento narrativo entroncaba con la poderosa, y entonces todavía joven, corriente de la novela negra, donde lo importante no era la resolución del enigma planteado, sino la cruda autopsia de una sociedad mezquina y miserable.

El prólogo termina con un fundido encadenado visual y sonoro, pues es la voz en *off* de Neff la que nos traslada al pasado, apenas un par de meses atrás. Recurrir al *flashback* no era algo novedoso; ya se utilizaba en el cine mudo y a principios del sonoro, aunque siempre de forma puntual y prudente para evitar la ralentización del ritmo de la película y entorpecer su compresibilidad. Así, cuando aparecían los *flashbacks*, solían ser breves, tenían un carácter puntual y explicativo, y servían para ofrecer más información al espectador sobre el pasado de uno de los personajes. Durante la posguerra fue un recurso mucho más habitual. Ya en 1941, Orson Welles había intentado abrir una brecha y romper con esta concepción restrictiva. Wilder y otros realizadores continuaron explorando sus posibilidades fílmicas de muy diversas formas. Sin embargo, lo que "probablemente hace que ese período parezca dominado por los *flashbacks,* no es la frecuencia numérica del recurso sino lo complejo de su utilización" (Bordwell, Staiger y Thompson, 1997: 46), la "barroquización" de los relatos cinematográficos. La obra de Billy Wilder es un buen ejemplo de esta nueva tendencia. Lejos de la linealidad característica de la producción mayoritaria, el guion de *Perdición* optó por retorcer su estructura narrativa salpicando el relato con idas y venidas del presente al pasado, y viceversa.

### 5.2.2. El dulce olor a madreselva

0h. 06'55"

Con la voz en *off* de fondo, la imagen, en plano general, nos traslada hasta el barrio residencial de Los Feliz. El coche de Neff aparca frente a una vivienda de estilo colonial español, típicamente californiano. El azar, otro de los grandes temas del cine negro, ha entrado en juego. Pasaba por allí y, de forma impulsiva, decidió acercarse para conseguir la renovación de unos seguros de automóvil a punto de caducar. La vivienda de la familia Dietrichson se constituye así en el segundo de los espacios dramáticos importantes de la película. De ella solo conoceremos dos estancias: el recibidor y el espacioso salón.

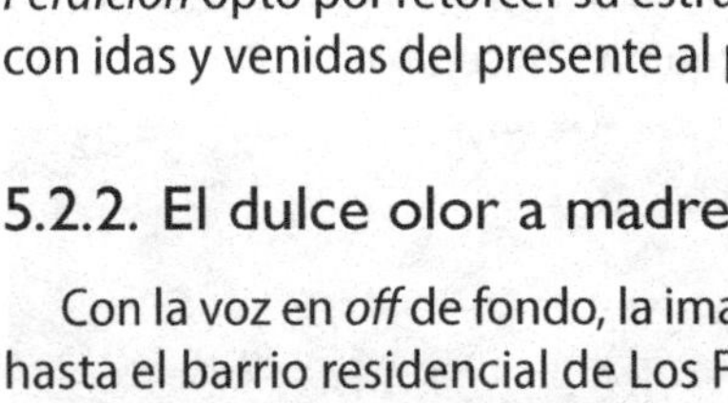

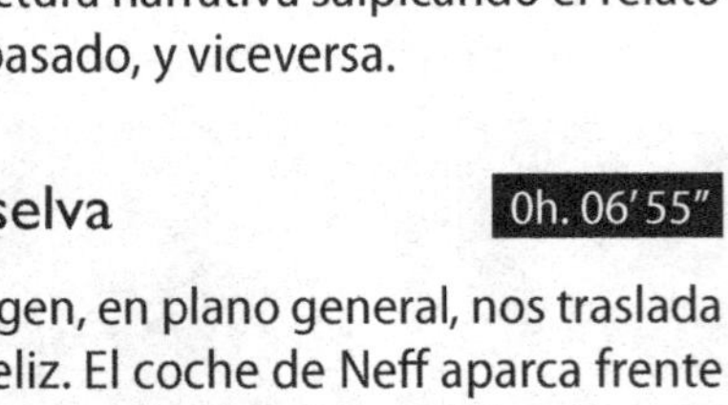

Es en el hall donde se produce el primer y decisivo contacto visual entre la pareja protagonista. Con cierta petulancia, Neff sortea a la sirvienta y se introduce en el interior de la vivienda. Alertada por el alboroto, por primera vez se escucha, fuera de plano, la voz de Phyllis. A continuación, un plano general en contrapicado nos presenta, en primer término, a Walter Neff de espaldas y a ella, arriba en la segunda planta, ocultando su desnudez púdicamente tras la barandilla. La diagonal que domina la composición es indicativa del tipo de vínculo que se creará entre ambos. En lo alto, con el cabello de un refulgente rubio platino, Phyllis se muestra como una diosa, consciente de su poderosa influencia.

Los planos siguientes –generales y contrapicados, cuando ella aparece; primeros planos en picado para él– sirven para subrayar su naturaleza dominante. Sin embargo, su actitud todavía es tímida y reservada. Ataviada con solo una toalla blanca inmaculada, olisquea a su presa con curiosidad desde el rellano de la escalera. La conversación que mantienen está salpicada de guiños y dobles sentidos. Walter Neff sonríe al adivinarla desnuda y, casi como un niño, travesea con las palabras: "El seguro caducó el día quince. Lamentaría que pudieran tener ustedes alguna avería no estando *cubiertos* totalmente". "Estaba tomando un baño de sol", explica ella modosa, aunque habiendo comprendido la indirecta. "Supongo que no habría mirones", responde él con picardía. Mientras Phyllis desaparece para vestirse, Neff pasa a la sala de estar. Su actitud es arrogante y confiada.

Sin abandonar el tiempo ni el espacio narrado, se recupera de nuevo la voz en *off*, recurso que va a ser muy habitual en el desarrollo de la película. Solamente de forma puntual, el relato volverá al despacho, donde Neff, herido, se confiesa ante el dictáfono. Con esta fórmula, Wilder recuerda al espectador la presencia del narrador y evita interrumpir drásticamente la acción. Con ironía, el protagonista da cuenta de sus primeras impresiones en el interior del hogar de los Dietrichson. Describe el salón como un lugar sellado e impersonal en el que, con dificultad, se abre paso el sol del mediodía. Sobre un piano encuentra los portarretratos del señor Dietrichson y de Lola, hija de su primer matrimonio. A continuación, Neff reconoce que, en aquel momento, solo "estaba pensando en la señora Dietrichson, en la forma en la que me había mirado. Deseaba volver a verla más de cerca, sin aquella estúpida escalera entre ambos".

Cumpliendo sus deseos, la cámara no tarda en mostrarnos –a través de las finas varas de hierro de la escalera, en plano detalle y con un travelling lateral descendente– las piernas de Phyllis. Atada a su tobillo izquierdo se adivina una cadenita engarzada con un corazón. Al llegar a la planta baja, Phyllis aparece ahora en plano americano abrochándose los últimos botones de su vestido. Con un *travelling* de retroceso y una leve panorámica, la cámara la sigue hasta que se sitúa ante el espejo de la cómoda, donde se acicala mientras él la observa atento.

Toda esta acción, rodada sin cortes, con movimientos que se suceden de un modo elegante y con variaciones imperceptible en la escala del plano, es una carta de presentación de la protagonista. Phyllis es una mujer fatal y, como tal, su naturaleza está marcada por su carácter eminentemente carnal. Para sortear la pacata censura del código Hays, Wilder recurre a las piernas para, con ingenio, advertir al espectador ante qué tipo de mujer se encuentra. Para Desmond Morris (2005: 276), el carácter sexual de las piernas femeninas es evidente y radica en la forma en que se unen la una con la otra:

> Cada vez que una mujer mueve las piernas, las abre, las cierra o las cruza con fuerza, atrae inevitablemente la atención hacia el punto donde se encuentran, que es, por supuesto, el punto focal del interés sexual masculino. Es casi como si, en los recovecos más profundos de la mente masculina, un par de piernas fueran siempre una flecha señalando la "tierra prometida" sexual de la entrepierna femenina.

Pero además Wilder aprovecha para jugar con el *atrezzo* y los gestos con el objetivo de subrayar, aún más si cabe, el fondo venéreo y peligroso del personaje. Esa pequeña y delicada pulsera que rodea su tobillo hace que las pantorrillas, desnudas y hermosamente iluminadas, de esta peculiar ama de casa de Los Ángeles "adquieran un aire todavía más fetichista" (Sikov, 2000: 259). En ese mismo sentido parece concebido el momento en el que, mientras hablan distraídos frente al espejo (que ya en sí mismo siempre es un elemento revelador de la verdad), Phillys pinta sus labios, evocando el color que adquiere el sexo femenino en los momentos de mayor excitación (Morris, 2005: 109-110). Y lo hace mientras en pantalla el plano nos devuelve la imagen dominante, no de una, sino de dos Phyllis. El incauto Neff no se percata de esta clara advertencia de peligro, y no descubrirá esta duplicidad, las dos caras de Phyllis, hasta su trágico final.

A continuación, a través de un dialogo insinuante y ocurrente, se palpa la creciente tensión sexual que existe entre ambos. Phillys aparece sentada en un sillón de orejeras cruzada de piernas, dejando la izquierda, la de la pulsera, bien a la vista de su invitado. Neff, frente a ella, no se sienta en el sofá, sino que prefiere hacerlo en uno de sus brazos, lo más cerca posible de Phyllis. Esta familiaridad no solamente debe interpretarse como una señal de su autoconfianza, sino también como un gesto cauteloso de aproximación física que la esposa del señor Dietrichson no desaprueba. En las frases que intercambian se adivinan, alternándose, dos tonos muy diferentes: en el primero, profesional, Neff explica las diversas pólizas que tiene en cartera y Phyllis curiosea en torno a sus condiciones; el segundo es mucho más personal. Las fronteras entre esos dos niveles son, sin embargo, muy permeables y, prácticamente sin transición, se traspasan de manera continua. Al ser preguntado por si también ofrece seguros de accidentes, Walter responde: "¿Seguros de accidentes? Claro señora Dietrichson...". Tras mirar por enésima vez las piernas de su clienta, a bocajarro expresa un deseo que rompe toda formalidad: "Quisiera saber lo que hay grabado ahí (refiriéndose a la pulsera que adorna su tobillo)". Neff parece entonces olvidar por completo la razón de su visita.

Esta pugna dialéctica alcanza su máxima expresión cuando Phyllis corta la conversación y lo invita a regresar cuando su esposo se encuentre en casa. Ella mide muy bien los tiempos y las distancias, jugando al "sí, pero no", espoleando y frenando en seco el deseo encendido de su interlocutor. Cuando cree que se excede, le amonesta: "En este Estado hay un límite de velocidad, setenta kilómetros por hora". Divertido, Neff recoge el guante y, siguiendo la metáfora, en su imaginación convierte a Phyllis en una severa dominatrix que, vestida de agente de tráfico, parece dispuesta a golpearle en los nudillos por sus excesos. "¿Y si me echo a llorar y pongo la cabeza en su hombro?", le pregunta con socarronería. Ofendida, ella responde: "¿Por qué no lo intenta poniéndola en la de mi marido?".

La planificación de este momento es eficaz, resolviéndose con la fórmula clásica del plano-contraplano. Con buen tino, Wilder quería que el público solo prestase atención a este diálogo de frases cortas, incisivas y provocadoras. Los amantes, que acaban de conocerse, miden sus fuerzas y calibran sus intenciones. En el guion, Wilder y Chandler consiguieron combinar en la construcción de diálogos el humor negro, corrosivo y con un toque de sadomasoquismo del primero, con la experimentada brillantez del segundo.

Tras despedirse de Phyllis, un nuevo fundido encadenado nos conduce al interior del coche de Neff. La voz del agente de seguros moribundo vuelve a hacerse presente en el relato, contradiciendo la jactancia de su rostro: "Era una tarde calurosa y aún recuerdo el olor de las flores a lo largo de la calle". Walter Neff es un "narrador personaje" que conoce las consecuencias de sus acciones pasadas: "Quizás tú lo hubieras sabido enseguida en cuanto ella mencionó el accidente, Keyes. Pero yo no. Estaba muy contento". Incluso se permite utilizar una imagen poética que, gracias a la voz en *off*, no resulta disonante: "¿Cómo imaginarse que el asesinato puede oler a madreselva?". Recurre aquí el guion a esa asociación habitual donde determinados olores anclan ciertos recuerdos en la memoria. La madreselva es un arbusto trepador cuyas flores rojas segregan un perfume delicado, más intenso por las noches. No parece gratuita esa identificación del olor de la planta con el asesinato y con el lugar donde reside el mal, personificado en la señora Dietrichson. Desde tiempos remotos las flores han sido utilizadas como símbolo de la belleza de la Naturaleza. Pero el olor de algunas flores cumple una función engañosa. Algunas plantas carnívoras atrapan a sus víctimas emitiendo un aroma irresistible. Walter todavía no sabe que la penetrante fragancia de una bella flor a veces enmascara una insoportable podredumbre.

### 5.2.3. Barton Keyes entra en escena 0h. 12'20"

Resuelta con 17 planos, esta secuencia tiene por objeto la presentación del concienzudo y tenaz personaje interpretado por Edward G. Robinson. En ella, Walter Neff se mantiene en todo momento en un discreto segundo plano. La acción se sitúa en las dependencias de la aseguradora. Un plano general nos muestra su patio central ocupado por empleados inmersos en una actividad frenética. Neff cruza la galería superior en dirección al despacho de Barton Keyes, el jefe de la sección de reclamaciones. Cuando entra, Keyes se encuentra acompañado por el transportista Sam Garlopis (Fortunio Bonanova)[4], que reclama una indemnización por el incendio de su vehículo.

Si Walter y Phyllis representan el mundo de los sentidos y de las pasiones, el perspicaz investigador se perfila como un ser cerebral entregado en cuerpo y alma a su trabajo. Keyes duda de todo por principio y saca conclusiones después de estudiar concienzudamente los resultados de encuestas y estadísticas. Para Cain, Barton Keyes era la personificación de "la fuerza de la racionalidad, una especie de llave maestra que abre los misterios y lo resuelve" (Sikov, 2000: 257). Pero esta polaridad es algo ilusoria. La pareja criminal no dejará que la pasión ciegue del todo su razonamiento, y cuando planean su crimen lo hacen con detalle y frialdad. Por otro lado, es cierto que Keyes atiende a las estadísticas, actúa con método, es sistemático e implacable; sin embargo, él mismo introduce

4 Fortunio Bonanova, nombre artístico de Josep Lluís Moll (Palma de Mallorca, 1895-Woodland, 1969), actuó en unos 80 filmes, la mayoría en Hollywood, encarnando casi siempre personajes hispanos o italianos. Su interpretación más conocida fue la del *signor* Matiste, profesor de canto en *Ciudadano Kane* (*Citizen Kane*, Orson Welles, 1941). Para Billy Wilder trabajó también en *Cinco tumbas al Cairo*, en el papel del histriónico general Sebastiano.

un elemento "sobrenatural" cuando confiesa que en su interior habita un enervante "enanito" que, ante un posible fraude, le avisa anudando su estómago, una metáfora utilizada por Keyes para aludir a su intuición, algo que resulta sorprendente en un individuo tan metódico como él, pero dota al personaje de una mayor riqueza y profundidad psicológica.

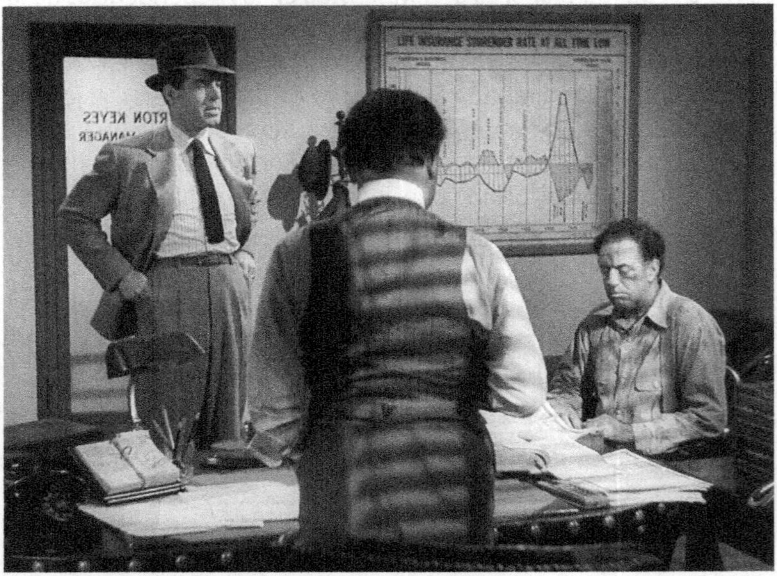

También es significativa esta secuencia porque describe la peculiar relación de sus dos protagonistas masculinos. En la novela, Barton Keyes cumple un rol casi paternal, pero es una figura distante y amenazadora. En el guion, esos lazos son más ricos: aunque gruñe y maldice, Keyes se muestra cercano, cálido y afectuoso con Neff. Entre ellos existe una ambigua y fraternal camaradería, en la que el propio Wilder encontraba la verdadera "historia de amor" de *Perdición*. Se podría pensar así en la existencia de un extraño triángulo, donde Neff, situado en uno de los vértices, es el centro de una pugna entre las fuerzas de la razón y de la pasión que tirarán de él hasta destruirlo.

Esta especial relación de amistad se ilustra visualmente con un gag recurrente. Cada vez que ambos se encuentran, asistimos al mismo ritual: Keyes se lleva un cigarro a la boca, palpa su chaleco en busca de cerillas, y Neff, presto, se adelanta, enciende una y ofrece lumbre a su compañero. Esta liturgia no es gratuita, colorea de modo ingenioso los vínculos emocionales que los unen. No es un acto de mera cortesía ni de sumisión por parte de Neff hacia su superior; parece sugerir, por el contrario, un grado de confianza, reconocimiento y admiración que, poco a poco, se descubrirá que es mutuo. Esta ceremonia se repite en todas y cada una de las secuencias protagonizadas por estos personajes, en concreto en las secuencias 7ª, 11ª, 12ª, 14ª, 17ª y en el epílogo. La reiteración hace del gesto un elemento predecible que, al tiempo que puntúa y da estructura al argumento, busca la complicidad del espectador.

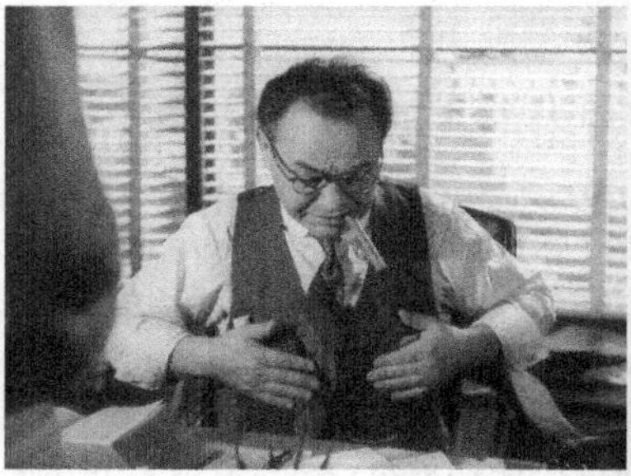

A continuación, una pequeña escena sirve de puente con la siguiente secuencia. Neff abandona el despacho de Keyes y se dirige al suyo[5]. Mientras recorre la galería hasta su oficina, la banda sonora recupera una vez más la voz en *off* que, a modo de advertencia, recuerda al público que asiste a un pasado reconstruido por el agente de seguros. Cuando llega hasta su mesa, encuentra el recado de una llamada de Phyllis aplazando su cita. Mientras la cámara inicia un *travelling* de acercamiento hasta un primer plano de su rostro, su voz en *off* rememora: "no podía

5 Se puede distinguir al mismísimo Raymond Chandler haciendo un fugaz *cameo*. Justo cuando Neff sale del despacho de Keyes, se reconoce al escritor sentado junto a la puerta, fumando un cigarrillo mientras lee una revista.

dejar de pensar en Phyllis Dietrichson y en lo bien que le quedaba en la pierna aquella pulsera". Para subrayar la naturaleza lúbrica de la ansiedad que posee a Neff en ese instante, el relato funde la imagen de su cara con la de las piernas de Phyllis. Durante ese movimiento final, al acercarse la cámara al protagonista, se vuelve evidente un error de *raccord* que nunca llegó a ser corregido: pese a que Neff, como sabemos, es un solterón empedernido, MacMurray nunca se desprendió de su alianza matrimonial mientras estuvo interpretando al personaje.

## 5.2.4. Todas las cartas sobre la mesa

0h. 16'53"

Con una duración de unos 5 minutos, resuelta con 22 planos y con varios movimientos de cámara, esta es una secuencia clave: Neff regresa al hogar de los Dietrichson. No es casualidad que arranque con un *travelling* que sigue, en primer plano, los pies de Phyllis que bajan alegremente la escalera de su casa. De este modo tan visual y elocuente, Neff recuerda y liga en su memoria esta nueva cita con la anterior. Ambas están atravesadas por una misma pulsión impetuosa. No es amor, sino puro deseo lo que ha olisqueado su arrebatada virilidad. Eso explica el talante de Neff en toda esta secuencia.

Cuando Phyllis abre la puerta, la mira con complicidad y cierto aire de suficiencia, se introduce en el espacio íntimo de los Dietrichson con los ademanes de un guerrero que pisa una fortaleza que cree a punto de "claudicar". Aunque es evidente la atracción que ha suscitado, ella disimula (continúa tratándolo de usted y llamándolo señor Neff) sin perder la compostura. Para esta cita vespertina ha escogido una juvenil blusa blanca, de largo escote y estilizadas flores estampadas, con una falda de tubo hasta los tobillos que delinea el suave contorno de su figura.

Desde el inicio, ella lleva las riendas de la conversación. En todo momento dirige y condiciona con animal magnetismo los movimientos de la cámara y del propio Neff. Si ella va al salón, él la sigue; si ella se acomoda en el sofá, él se apresura a ponerse cómodo a su lado. Esta parte de la secuencia está resuelta en un solo plano construido a partir de la sucesión de *travellings* de alejamiento o acercamiento y diversas panorámicas. Como una laboriosa araña, Phyllis teje la tela que acabará por atrapar a su incauta víctima.

La tensión sexual es grande y se manifiesta en el intenso cruce de sus miradas. Neff busca el contacto visual; ella tantea, esquiva y retrocede. Él es directo y petulante; el juego de Phyllis es más sutil, finge nerviosismo e inseguridad. Creyendo tener el control, el ingenuo Neff la invita a tutearle. En esta parte de la secuencia, Wilder opta por utilizar una sucesión de planos estáticos, más cerrados y cercanos: Phyllis ocupa el centro compositivo, y la armoniosa luz de Seitz cae suavemente sobre su rostro rodeándolo de un halo angelical que enmascara sus verdaderas intenciones. Mientras toma su té helado, el agente de seguros asiste paciente, y con cierta apatía, al espectáculo de una mujer que finge preocupación por los peligros que su marido corre en su trabajo en los campos petrolíferos. Cuando Phyllis pregunta: "¿No crees que él debería tener un seguro contra accidentes?", él responde con profesionalidad recitando, de forma desganada, toda la información necesaria. Es la primera vez que hablan de la posibilidad de una indemnización de cincuenta mil dólares en caso de producirse un siniestro. Ella reacciona levantándose del sofá como si hablar de la posible muerte de su marido le provocara desazón, y se mueve inquieta de aquí para allá. La cámara la sigue en su ir y venir con planos medios y americanos, encadenando panorámicas.

La conversación da un giro imprevisto cuando Phyllis comienza a hablar del mal carácter de su marido. En este cambio de tono, Neff adivina una grieta y aprovecha el momento para insinuarse, pero Phyllis prefiere no darse por enterada. Es entonces cuando le plantea la posibilidad de firmar una póliza de accidentes para su esposo sin que él lo sepa. Enmarcando a los dos protagonistas, los planos vuelven a ser más cortos, pero esta vez el foco de atención está en el rostro de Walter, que, perplejo y contrariado, se ha dado cuenta de la jugada y trata de recuperar su papel de honesto agente de seguros. Defiende su dignidad profesional y su virilidad, poniendo las cartas boca arriba. Phyllis lo mira atónita y ofendida. "Creo que usted es despreciable", le responde altanera. Pero Walter no quiere quedarse atrás: "Y yo creo que es usted fantástica, siempre que no sea uno su marido". Dicho lo cual, abandona la casa, dejando a Phyllis boquiabierta. La secuencia concluye con dos breves escenas que, encadenadas con un fundido, muestran al protagonista tratando de olvidar lo sucedido: en la primera, Neff, con la mirada absorta, bebe cerveza en el interior de su vehículo; en la segunda, juega distraídamente en una bolera.

## 5.2.5. Ese tentador jersey de angora

0h. 21'43"

Da comienzo esta larga secuencia –de 9 minutos de duración y resuelta con 46 planos– con un fundido encadenado que, a través de un plano general y una panorámica hacia la derecha, nos muestra el avance de un automóvil por una calle oscura y desierta. Neff regresa a casa con su coche. Ya en su vivienda, fuma nervioso ante una ventana golpeada por las gotas de una intensa lluvia.

La inusual tormenta refleja el estado de zozobra interior del personaje. Walter Neff se presenta como un héroe trágico mortificado por las dudas y la lujuria. Ha picado en el anzuelo y su caída en el abismo es inevitable. Son las ocho de la tarde y, fuera de campo, suena el timbre de la entrada. Cuando abre la puerta, Phyllis saluda pudorosa. Cuando Walter la invita a sentarse y quitarse el abrigo empapado, su torso está cubierto por un blanco e inmaculado jersey de angora que se ajusta a su cuerpo como una segunda piel, marcando el perfil de sus pequeños pero tentadores pechos.

Se suceden los planos y contraplanos de la pareja mientras conversan. Él se muestra firme y directo. Ella, por el contrario, persiste en mostrarse entre ingenua y ofendida. Impasible e incrédulo, Walter la observa, pero Phyllis no desiste y entreabre sus labios pintados. Es la primera vez que se insinúa. Si quiere continuar con sus tejemanejes, debe ahora exponerse. Dándole la espalda y acercándose a la ventana, Phyllis adopta entonces el papel de víctima de un marido controlador. En un último intento de mantener sus principios, Neff la invita a irse, pero se arrepiente, la agarra por la muñeca, la atrae despacio y la besa. Las últimas defensas han caído; el héroe, derrotado, cae de rodillas ante su amada.

Este momento de pasión es breve. A Walter le urge de pronto tomar algo y se dirige a la cocina. Si en el salón la luz era tenue, aquí las sombras son absolutas. El espacio es estrecho: un mueble para la vajilla, un hornillo, una nevera, un fregadero y poco más. Neff recupera su seguridad y retoma el control de la situación. "Trae un par de vasos, por favor", le ordena. Ella se conduce sumisa, expectante. No deja de ser significativo que los personajes, entre trago y trago, comiencen a "cocinar" el asesinato del señor Dietrichson precisamente en un lugar tan familiar y cotidiano. Este extrañamiento de los espacios físicos habituales fue un recurso frecuente en el cine negro americano. A diferencia de otros géneros de temática similar, el crimen se concibe como algo consustancial a la naturaleza del ser humano, capaz de aflorar en cualquier momento y lugar.

De la cocina pasan de nuevo al salón. En esta escena clave, Phyllis representa ante Walter un doble papel: el de víctima desvalida de un esposo avaro, alcohólico y maltratador, y el de una dulce mujer desconsolada. Seitz apuesta por una iluminación íntima que proyecta suaves reflejos sobre la cabellera de Phyllis y que, cuando confiesa su hartazgo, su odio y su desesperación, ensombrecen su mirada. La conversación arranca con un plano general. Phyllis parece relajada, sentada con las piernas flexionadas en la esquina del sofá. Walter, de pie, la escucha con atención con un vaso de bourbon entre las manos. Cuando ella le habla de su hijastra, él se sienta en el borde de una mesa auxiliar. Con perspicacia, la composición remite al plano de su primer encuentro en la casa Dietrichson. Del plano general, la cámara se acerca y se centra solo en Phyllis. Ahora, en sus palabras se adivina una extraña y agria mezcla de odio, celos y frustración. Detesta a su marido y fantasea con matarlo. Cuando Walter entra de nuevo en campo es para que olvide sus fantasías homicidas. Con una compañía de seguros de por medio, no tiene ninguna oportunidad, podría acabar en la horca. Con gesto protector, Neff la rodea con sus brazos, rozan sus cabezas, mientras ella comienza a llorar. La cámara empieza a retroceder despacio, mientras un fundido encadenado nos devuelve de nuevo al presente.

Con un *travelling* nos acercamos a Neff que, en medio de la oscuridad, sigue desgranando su amarga confesión. Será aquí cuando, por primera vez, el protagonista desvele su lado más oscuro. Mucho antes de conocer a Phyllis, él también había imaginado tentar a la suerte: "Eres como el hombre que está detrás de la ruleta", dicta respirando con dificultad, "y de repente una noche te pones a pensar cómo podrías estafar a la banca tú mismo". Kevin Lally (1998) señala que Phyllis es un simple catalizador de las criminales pulsiones que, de un modo latente, bullen en el interior del protagonista. El plan de Phyllis no solo le atrae porque ella es bella y fascinante, sino porque le permite salpimentar su vida con nuevas y excitantes experiencias.

Este breve interludio concluye con la cámara alejándose despacio y, con fundido encadenado, marca un nuevo retorno al pasado. Desde un plano general, un *travelling* nos acerca otra vez a la pareja en el sofá. Neff está recostado sobre uno de sus brazos. Absorto escruta el techo, mientras fuma con deleite un cigarrillo. Phyllis está en el lado opuesto del sillón retocándose la pintura de sus labios. La elipsis es evidente. Algo ha pasado entre ellos. Con una sugerente síntesis narrativa, Wilder sortea con habilidad una cuestión que hubiera sido inaceptable para la censura, pues el código Hays, aunque no impedía la representación de la infidelidad, no admitía que fuese mostrada como algo moralmente correcto o permisible. Para eludir el veto del censor, Wilder no muestra el dormitorio, y hace que la acción transcurra entre la sala de estar y la cocina, de la ventana al sofá. Por otro lado, los besos también estaban regulados: no debían ser prolongados o impúdicos, y tampoco podían ser dados o recibidos en posición horizontal. Por esa razón, el beso de Walter resulta ridículamente breve después de tanta tensión sexual. Hay, por último, un detalle que lo agravaba todo, y era la condición de mujer casada de Phyllis. Pero, para justificar la decisión de Neff de apoyar a su amante, era necesaria la consumación del adulterio. El desenlace de esta secuencia, más que mostrar, sugiere que, cuando la narración regresa al sofá, ya ha habido sexo entre ellos. Solo así, de esta elíptica manera, la censura pudo aprobar la representación de este momento post coital.

Phyllis no tarda en levantarse y recoger su abrigo para irse, pero antes quiere ratificar las intenciones de su amante. Vuelve a sentarse junto a él para besarse en un par de ocasiones más. Walter despierta de su letargo y promete ayudarla. Tan fuerte es su resolución que le hace daño en el hombro al estrecharla y ella se queja. Mientras la acompaña hasta la puerta, en un tono imperativo le da las primeras indicaciones. Cuando se queda a solas y contempla tras la ventana la intensa lluvia que cae sobre la ciudad, a modo de negro presagio, la banda sonora recupera una vez más el *leitmotiv* musical de los créditos. Fuera de campo se escucha el motor del automóvil de Phyllis. La voz en *off* de Neff nos advierte que la maquinaria se ha puesto en marcha y ya nadie puede detenerla. Narrativamente, el film entra en su segundo acto con un nuevo fundido encadenado.

## 5.3. Desarrollo: se cierne la noche

### 5.3.I. Doble indemnización

0h. 30′55″

Como un breve interludio, resuelto con un solo plano medio en ligero contrapicado, se nos presenta de nuevo a Walter, débil y sudoroso, confesando ante el dictáfono. Un fundido encadenado devuelve la historia al pasado. Lola, en plano medio, juega a las damas chinas. Poco a poco, en un lento *travelling* de retroceso, el campo se va abriendo hasta un plano general que desvela el nuevo escenario. Es de noche y la acción transcurre en el salón de la casa de los Dietrichson. Phyllis, vestida, no por casualidad, ostentosamente de negro a modo de anticipado luto por su esposo aparece como la compañera de juegos de su hijastra. Luego, la cámara nos presenta a su esposo tumbado en el sofá, a la manera de un metafórico sarcófago, y, finalmente, entra en plano, sentado frente a su deseado cliente, Walter Neff. Ambos discuten acerca de las ventajas de estar asegurado. Dietrichson se muestra desdeñoso y escéptico. Cuando Phyllis trata de mediar, él aprovecha para volver a acusarla de manirrota. Tampoco se muestra amable con Lola que, aburrida del juego, se levanta, pues tiene una cita en la ciudad con una amiga. Phyllis aprovecha para cizañar: "¿No irás a ver otra vez a ese Nino Zachetti?". Molesta por las insinuaciones de su madrastra y la intolerancia de su progenitor, Lola abandona la escena.

El resto de los personajes aprovecha su salida para resituarse en el espacio. Dietrichson se incorpora y se arrellana en el sofá, Neff se aproxima y Phyllis deja las damas chinas para situarse frente a sus dos hombres. Desde esta privilegiada posición observa los tejemanejes de su amante para conseguir la firma de su marido. Se trata de un momento decisivo, y la planificación de la secuencia va a subrayarlo. Actuando como dos charlatanes de feria, la pareja asesina envuelve con su intrascendente cháchara a su imprudente víctima. Se alternan los primeros planos de Phyllis con los planos medios de ambos hombres sentados en el sofá. Cuando el esposo firma finalmente, su "sentencia de muerte", Wilder compone un hermoso plano lleno de significado: en primer término, ligeramente desenfocados y de espaldas, el agente y el marido; al fondo, dominando el centro compositivo, ella asiste con deleite a la malhadada rúbrica. A continuación, dos primeros planos sucesivos de Phyllis y Neff subrayan, con miradas cómplices, la emoción contenida que los embarga. Mientras, se escuchan de nuevo los primeros acordes del principal *leitmotiv* musical de la banda sonora, que acompaña al señor Dietrichson mientras abandona el salón. Wilder nos lo muestra en un plano general en contrapicado, andando fatigosamente hacia el espectador, vinculándolo visualmente con la figura de los títulos de crédito. Los hilos del ineluctable destino se están enhebrando alrededor de la víctima, pero también de los asesinos. El primer objetivo de su diabólica trama se ha alcanzado con éxito.

La tensión se relaja durante unos segundos. Phyllis y su cómplice salen al porche y cuchichean para no ser oídos. En plano medio y en un ángulo ligeramente contrapicado, la cámara se acerca despacio hasta ellos. Una vez más los primeros planos de los amantes se suceden, primero Walter, después Phyllis. Enfebrecido por la facilidad con la que ha obtenido la firma, Neff quiere hacer saltar la banca, apostar fuerte. Phyllis debe conseguir que Dietrichson viaje hasta San Francisco en ferrocarril. Existe una cláusula en todas las pólizas que contempla el pago de una indemnización doble si un asegurado muere accidentalmente en un tren. La mirada de Phyllis se pierde, codiciosa y excitada, en el horizonte. Alza entonces la vista y le asegura: "Será por tren, Walter. Tal y como tú dices: hasta el final del camino".

Esta secuencia acaba con un encuentro inesperado. Neff, al abrir su coche, descubre que Lola lo aguarda en su interior y le pide que la acerque al centro de la ciudad. Durante el trayecto, Walter descubre que Lola, como casi todos los personajes de la trama, también miente. No ha quedado con una amiga para patinar, sino con Zachetti. Con la cámara situada junto a la ventanilla del conductor, la conversación es breve y se desarrolla en un único plano. Neff aparece en primer término sumido en la penumbra, Lola está iluminada. Ella es el centro de atención, habla con tristeza, se siente incomprendida, defiende a su novio. Cuando llegan a su punto de destino, Zachetti está esperando, fumando un pitillo, en una esquina. Al ver llegar a Lola acompañada por un desconocido, Zachetti se encela y se muestra vehemente. A través de la ventana del conductor, la composición del plano distribuye a los personajes en tres planos distintos. Nino se encara con el protagonista y su novia trata de apaciguarlo. Nada calma a Nino. Lola sale del coche, alcanza a Zachetti y se van caminando juntos. Neff se pone de nuevo en marcha. La voz en *off* se superpone sobre su rostro en primer plano mientras conduce cariacontecido. En cierto modo, su encuentro con Lola lo ha desconcertado. El ingenuo personaje de la adolescente enamorada y su ardoroso Nino se contrapone a la lúbrica pasión que siente por su madrastra. Al menos durante unos instantes, su conciencia aflora, incluso se siente un poco culpable. En el asiento de atrás tiene el portafolio con la firma del padre, una firma que garantiza su muerte. La secuencia, después de 33 planos, está a punto de concluir. Con la voz de fondo del protagonista, un fundido encadenado nos traslada al exterior de un supermercado.

## 5.3.2. Entre latas de conservas

0h. 38'04"

La cámara, en plano general, se sitúa en el exterior de un supermercado de la Avenida Melrose. El sol resplandece sobre su fachada, hay animación en las aceras, los automóviles vienen y van, los viandantes se detienen a examinar los productos expuestos a pie de calle.

La secuencia se resuelve con 6 planos y algunas panorámicas que sirven para recomponer la imagen y centrar a los personajes. En el interior del local, reconstruido *exprofeso* en la Paramount, aparece primero Phyllis, en plano largo, de pie en el pasillo central junto a la sección de jabones. Lleva un vestido sencillo y porta una gran bolsa donde, con actitud distraída, coloca algunos productos. A continuación, tras ella, entra en campo Walter. No dan muestras de conocerse. Sus encuentros deben parecer fortuitos y sus conversaciones intrascendentes.

Hasta que llegan a la zona de la alimentación infantil, todo es disimulo. Solo cuando están ya allí se acercan, y la cámara los encuadra en un plano medio. Neff apenas la mira, intenta mantener la compostura, pero se siente inseguro y escruta los alrededores. Con un movimiento de reencuadre, se sitúa frente a una estantería de alimentación para bebés. Para mantener el simulacro, Phyllis le da la espalda y Neff le susurra al oído las últimas novedades. La compañía ha aceptado la póliza, pero algo inesperado se ha interpuesto en sus planes: el marido de Phyllis se ha roto una pierna y ha tenido que cancelar su viaje a San Francisco. Una señora con una niña los interrumpe para que la ayuden a coger una lata de un estante superior. Cuando la mujer sale fuera de campo, se corta al primer plano de los amantes, uno junto al otro, hombro con hombro. Entre el objetivo y los actores se interpone en primer término, como una metáfora visual del obstáculo imprevisto, un estante repleto de botes de cristal. Neff trata de mantener la cabeza fría. Hablan en voz baja, sin contacto visual entre ellos. Discuten si deben postergar sus planes: Phyllis no quiere retrasar más las cosas, pero no hay otro remedio. Ella, desesperada, trata de chantajearlo emocionalmente: "Es muy duro no estar contigo. Es como un muro entre nosotros", le dice con mirada suplicante mientras busca sin éxito sus ojos. Walter no cede y, sin mediar más palabras, se despide de ella, dejándola sola y perpleja.

### 5.3.3. En marcha la maquinaria

0h. 40' 41"

Acompañado de la voz en *off* de Neff, un fundido encadenado nos muestra, en plano medio y en primer término, al agente de seguros sentado sobre la mesa de su despacho. Es quince de junio, siete días después de su último encuentro con Phyllis. Con aire distraído revisa la correspondencia, hasta que Keyes irrumpe en la habitación. Desde el comienzo de la secuencia no ha habido cortes, el plano sigue siendo el mismo y se prolongará hasta alcanzar los 2 minutos. Apenas varía el encuadre, únicamente realiza breves panorámicas para mantener en el centro de la composición al inquieto Barton Keyes. De este modo, Wilder prioriza la interpretación y el diálogo. La secuenciación y la elección de los distintos planos –hasta 13 en total– se pliegan a las necesidades de la narración.

En esta escena Keyes se muestra afable y paternal con Walter. Le ofrece un puesto de mayor categoría, pero Walter se resiste, no quiere recluirse en la oficina. Keyes contrargumenta mientras gesticula con vehemencia. Su discurso es torrencial, pero hilado con destreza. Compara su trabajo con el de un cirujano, un juez, un jurado y, quizá como una premonición, con el de un cura confesor. El timbre del teléfono interrumpe su perorata y, molesto, responde al aparato. Alguien, una mujer, pregunta por Walter. Cuando este recibe el auricular y escucha la voz de Phyllis, su rostro se contrae. En el montaje se alternan los planos medios de la joven esposa en el interior de una cabina telefónica, con los de un nervioso y comprometido Walter Neff. Hay nuevas noticias. A pesar de sus muletas, el señor Dietrichson ha decidido finalmente viajar en tren esa misma noche a San Francisco. Es la oportunidad que esperaban.

Tras colgar, Neff se ve obligado a sonreír cuando Keyes se vuelve. La conversación deriva hacia sus relaciones con las mujeres. Ambos son hombres solteros, sin ataduras conocidas. Barton Keyes reconoce que, una vez, estuvo a punto de contraer matrimonio, pero un "enanito interior" lo disuadió camino del altar. Walter lo escucha con cierta impaciencia. Ahora necesita estar solo y, para conseguirlo, acompaña, amable pero firmemente, a Keyes hasta la puerta, no sin antes repetir el familiar ritual del cigarro y la cerilla. En el último plano de la secuencia, se recupera la voz en *off*. Desde el presente, Neff recuerda cómo comenzó a preparar su coartada desde aquel mismo instante. Ahora solo hay que seguir el plan preestablecido, sin errores.

## 5.3.4. Preparando una coartada

0h. 45'47"

Mientras se suceden los fundidos encadenados, en esta secuencia de transición la voz en *off* de Walter Neff describe, uno por uno, todos los pasos que siguió la tarde previa al asesinato: cómo convirtió al encargado del aparcamiento de su edificio y a un compañero de la oficina en testigos involuntarios de sus maquinaciones; cómo se vistió con el mismo traje azul marino que Dietrichson llevaría en su viaje y simuló una escayola para hacerse pasar por su víctima; a continuación, con dos insertos sucesivos, vemos las manos del agente disponiendo dos tarjetas, una junto al timbre del teléfono y otra junto al de la puerta; finalmente, se le ve descendiendo a hurtadillas por la escalera de servicio en plano contrapicado y a contraluz. No se distinguen sus rasgos y la iluminación hace de su amenazante silueta una señal de mal agüero.

## 5.3.5. Tres toques de claxon

0h. 46'47"

Comienza una secuencia crucial, donde se narra el asesinato a sangre fría. Por esta razón, la acción se filma con un estilo fotográfico muy contrastado, dando lugar a composiciones lumínicas muy plásticas y expresivas.

Un nuevo fundido encadenado, acompañado por la voz de Walter, nos traslada hasta el exterior de la mansión de los Dietrichson. Es noche cerrada. Un plano general nos advierte de la presencia de un individuo que avanza en medio de las sombras acercándose a las cocheras. Es Walter, que acaba de llegar allí por su propio pie.

Phyllis y su marido no tardan en aparecer. Dietrichson, con sombrero, traje azul oscuro y una pierna escayolada, camina fatigosamente con muletas.  Su mujer va tras él con sus maletas y su abrigo. Ella se adelanta para sacar el coche del garaje. Cuando abre la puerta de atrás, descubre a Neff agazapado tras el asiento del copiloto. Para crear más tensión, en el montaje se alternan los planos medios de los amantes –picado en el caso de él, contrapicado en el de ella– y, en la banda sonora, se recupera su motivo principal. Con un plano general vemos cómo el automóvil recoge a Dietrichson al salir del garaje y se aleja por la carretera. Un fundido encadenado nos lleva al interior del vehículo. Están en silencio. Para aumentar el suspense, la cámara se sitúa, también en plano medio y con un leve contrapicado, a los pies del asiento de atrás, donde, en primer término, se vislumbra la figura acechante de Neff y, por encima de él, en un segundo plano, las cabezas de Phyllis y su esposo. A pesar de que conduce a su marido al matadero, todavía ella finge preocupación por su estado, pero Dietrichson se muestra cáustico y desdeñoso. El guion refuerza así el carácter hosco y desagradable del marido, "justificando" su eliminación.

Llegado el momento, el coche gira bruscamente a la derecha y avanza por una calle a oscuras. La cámara se mantiene en un primer plano de Phyllis. Fuera de campo, Dietrichson le pregunta por el motivo de este inesperado desvío, pero ella no contesta, simplemente comienza a tocar el claxon una, dos, hasta en tres ocasiones. Un corte seco nos traslada al asiento trasero, del que Neff se incorpora. Volvemos al primer plano de Phyllis, mientras se escucha el forcejeo y los sonidos guturales que brotan de la garganta del marido cuando Neff lo estrangula. Ella mira fijamente al frente, tiene los dientes apretados, solo un ligero estremecimiento y una sonrisa de íntimo gozo indican a la audiencia que el crimen ha sido ya ejecutado. El modo elíptico en el que se resuelve el asesinato es brillante. En la novela, Cain es mucho más explícito: cuando llega el momento, Neff se incorpora y, colocando una de las muletas bajo el mentón de su víctima, no tarda ni dos segundos en quitarle la vida. El código Hays no hubiera permitido representar el crimen con tanta rudeza. En lugar de eso, Wilder opta por la sugerencia, por jugar con la imaginación del espectador por medio de la música. Durante unos segundos, la composición de Rozsá eleva su volumen, adquiere un carácter dramático y chirriante, y se entremezcla con los agónicos estertores de la víctima. La brutalidad del crimen se acentúa con el primer plano sobre el rostro de Phyllis que, mirando al frente, asiste impasible al asesinato de su esposo.

## 5.3.6. ¿Y qué hacemos ahora con el cadáver? 0h. 49' 29"

Un fundido encadenado traslada la acción al *parking* contiguo a la estación de Glendale. El sedán de Dietrichson entra en plano pasando junto a la cámara que, con una breve panorámica, lo sigue hasta que estaciona. De esta manera arranca una de las secuencias más largas y complejas del film. Durante 8 minutos y a través de 40 planos, se muestra cómo la pareja asesina se deshace del cadáver y da la puntilla a su maquiavélico plan.

Phyllis se apresura a salir del coche, mientras por el otro lado asoman unas muletas. Apoyándose en ellas, un hombre sale del asiento del copiloto de espaldas y con el pie escayolado. La cámara se sitúa, con un corte directo, en el interior del vehículo. Phyllis mira hacia al asiento donde, fuera de campo, se encuentra el cadáver y, asegurándose de que nadie la observa, lo cubre con cuidado. En ningún momento se explicará cómo y cuándo el cuerpo de la víctima ha pasado al asiento posterior. A continuación, la pareja se aleja del coche en dirección al edificio de la estación.

Tras un nuevo corte, en plano medio y ligeramente ladeada, la cámara se sitúa detrás de los asesinos. Un *travelling* los sigue mientras caminan despacio. Vemos el rostro de Phyllis, pero no las facciones del hombre que la acompaña. Wilder quiere que el espectador, durante unos instantes, dude acerca de la identidad del individuo, pero en cuanto comienza a hablar su voz es inconfundible. Deben reencontrarse más tarde cerca de un vertedero. El guion remarca así el carácter sórdido del asunto que tienen entre manos. De manera imperceptible, la cámara sigue moviéndose hasta ponerse a la altura de la pareja y sobrepasarlos. De una manera elegante, el *travelling* de seguimiento se transforma en uno que les precede. Solo ahora el público puede distinguir a Neff con nitidez.

Con un corte directo, pasamos al exterior del vagón número nueve. En la puerta de acceso, el revisor y un encargado recogen los billetes. Entra en campo primero Phyllis que, con amabilidad, evita que nadie asista a su "esposo" para encaramarse al pescante y subir a bordo. Ya en el interior del ferrocarril, después de pedir que se le prepare la litera del compartimento, se dirige al vagón de cola para fumar.

Con un fundido encadenado, pasamos al último coche del tren. Walter avanza renqueante, seguido con un *travelling* por la cámara, en dirección a la plataforma trasera. Ningún pasajero parece reparar en él. Por corte, nos situamos en el exterior, justo cuando Neff ha salido a la plataforma y se acerca hasta la barandilla. Aunque él no ha advertido todavía su presencia, en una de las esquinas, un hombre, tocado con un sombrero Stetson, disfruta de un cigarrillo. Cuando Walter parece decidido a saltar, es sorprendido por una voz masculina que irrumpe a sus espaldas. El otro individuo, de nombre Jackson, se muestra afable y campechano. Un nuevo imprevisto, como una advertencia del destino, se interpone en el camino del agente de seguros. John Seitz lo remarca iluminando de forma diferente a estos dos personajes: Jackson, bien iluminado; Neff, totalmente en sombras. La conversación entre ellos es corta, el asesino se muestra parco, arisco en sus respuestas. Cuando consigue deshacerse del incómodo testigo, Walter mira hacia las vías para orientarse. Con una retroproyección, se ven las vías perdiéndose en la noche mientras el tren avanza. Walter tira las muletas y, a continuación, se coloca a horcajadas sobre la barandilla. Otro corte nos sitúa, en plano general, al lado izquierdo de la vía. El tren pasa a toda velocidad y vemos cómo una figura con el pie escayolado se arroja desde la plataforma. Mientras el convoy desaparece, el siguiente corte nos coloca en medio de los raíles. El cuerpo de Walter ha quedado tendido entre los travesaños. Poco después se incorpora y se sacude el polvo. Escruta la noche tratando de localizar el sedán de Dietrichson. Por fin distingue el coche oculto entre arbustos y matojos. Las luces destellan dos veces y se apagan. Neff corre hacia el lugar. Cuando llega, le pide a Phyllis que recoja las muletas, mientras él se encarga de llevar el cadáver hasta los raíles. La cámara, nuevamente, evita ofrecer imágenes excesivamente crudas. Solo un claustrofóbico plano del rostro sudoroso de Neff sugiere que está arrastrando el cuerpo sin vida de su víctima. A renglón seguido, el montaje presta atención a Phyllis, que recoge del suelo las muletas para luego, seguida en plano general y con un *travelling* de retroceso, encontrarse con Neff. Ahora retumba con fuerza y con creciente insistencia el motivo principal de la banda sonora de Rózsa. Walter le quita de las manos las muletas y las arroja fuera de campo. A continuación, se deshace del sombrero y ambos salen de campo en dirección hacia el coche.

Mediante un corte a un plano medio, vemos a la pareja asesina ya en el interior del sedán. Phyllis está al volante, Neff, a su lado, apoya su pie vendado contra el salpicadero para quitarse la cinta adhesiva. Ella aprieta sin éxito el botón de arranque. El cineasta opta por prolongar su nerviosismo unos segundos más. El motor se ahoga una, dos, hasta tres veces. Con cierta zozobra, se interrogan con la mirada. Después de un momento, el protagonista gira la llave del encendido y tira a tope de la válvula del aire. El motor de arranque gira con parsimonia y acelera. Walter traga saliva y respira aliviado. Ya pueden marcharse. Con un corte seco, se pasa a un plano general del coche abandonando definitivamente aquel infecto basural.

Con esta sencilla estrategia, Wilder conseguía que los espectadores simpatizasen con los malhechores. Según Kevin Lally (1998: 164), a Wilder se le ocurrió esta escena por casualidad en el aparcamiento de la Paramount. Había terminado de filmar el momento en el que los amantes abandonaban a su víctima en las vías del tren. Era hora de almorzar y había decidido ir a su casa. Cuando intentó arrancar su coche sin fortuna, la inspiración le llegó de pronto. Entonces echó a correr en dirección al plató gritando: "¡No toquéis nada!" y volvió a rodar la escena añadiendo ese nuevo toque de suspense.

El trayecto de vuelta hasta la casa de Neff fue filmado también en un solo plano. Los personajes dan la espalda a la cámara, que los registra desde el asiento de atrás. No escuchamos su conversación, es la voz en *off* del protagonista la que cuenta cómo repasaron de nuevo todos los detalles, lo que tenían que hacer y decir cuando comenzase la investigación. También confiesa que, en aquellos momentos, temió que Phyllis se desmoronase, pero se equivocaba: "Estuvo perfecta" –recuerda con amargo sarcasmo–. "Ni una lágrima, ni siquiera un parpadeo".

Un fundido encadenado nos traslada cerca del apartamento de Neff cuando el sedán entra en campo y se detiene sin acercarse al bordillo. Con un plano medio se vuelve al interior del vehículo. Neff abre la puerta, pero Phyllis le pide un beso de despedida. Sorprendido, se acerca hasta ella para rozar levemente su mejilla. "De principio a fin, ¿no es así?", le susurra ella al oído recordando el pacto de sangre que los une. Antes de que Neff abandone el coche, se besan fríamente, casi como un trámite, sin pasión ni sentimiento. Un plano general subraya la soledad del protagonista. La noche es cerrada, la calle está desierta. Walter observa cómo Phyllis se aleja, mientras se ajusta la corbata y se recoloca la chaqueta en un vano intento de recuperar un poco el orden perdido.

A continuación, la narración en *off* recupera protagonismo y, con unos cuantos fundidos encadenados, se narran sus movimientos posteriores. Walter todavía debe dejar atados algunos detalles de su coartada: sube sigiloso por la escalera de servicio, comprueba que, durante su ausencia, no ha recibido visitas inesperadas ni llamadas inoportunas. Un plano general nos traslada al salón de su apartamento. Acaba de cambiarse de traje y solo le queda una cosa por hacer. Con un fundido encadenado volvemos a su garaje, donde le dice al encargado que necesita comer algo y que irá caminando hasta el *drugstore* más cercano. Con un nuevo encadenado, la cámara se sitúa ahora en el exterior del edificio, del que Neff sale fumándose un cigarrillo. Haciendo una ligera panorámica, la cámara le sigue mientras pasea. Al principio sus pasos son decididos, pero, cuando llega a la altura de la cámara, se detiene y se gira. El plano ha variado su escala hasta un plano medio. Presiente algo extraño, que algo falta, que algo está fuera de lugar, y mira atrás con aprensión. "De repente tuve la certeza de que todo iba a salir mal", confiesa apesadumbrado. "No podía oír mis propios pasos. Eran los pasos de un hombre muerto". Es la primera ocasión en que intuye que algo no va a ir bien. Walter sigue caminando, la cámara panea para ver cómo, de forma inexorable y con la lentitud de un muerto viviente, recorre la acera hasta perderse en lo más oscuro de la noche y encontrarse con su destino. Con un oportuno fundido en negro –el primero de los dos que utiliza Wilder en todo el film–, se pone punto final al primer acto del nudo de esta historia.

## 5.3.7. Una extraña muerte accidental 0h. 57'46"

Esta larga secuencia, de 47 planos, se abre volviendo al tiempo presente. Neff sigue desgranando su relato con creciente dificultad.

La acción vuelve por enésima vez al pasado, justo cuando Neff llega a su oficina tras "la noche más larga de su vida". No ha avanzado unos metros cuando, fuera de campo, se escucha una potente voz. Neff se vuelve y Keyes, cabizbajo, se acerca ensimismado. El "gran jefe" les ha convocado para tratar el asunto Dietrichson. Esta primera parte de la secuencia es corta y concluye con un elegante *travelling* lateral que persigue a los personajes, sin variaciones de escala en el plano, hasta que llegan frente al despacho de Edward Norton.

Cuando entran, el presidente se despide de tres caballeros con pinta de leguleyos. Es un hombre bien parecido, de mediana edad y presuntuosos modales. Su despacho privado, presidido por un gran ventanal, es espacioso y bien amueblado. Norton está contrariado por el desembolso que va a suponer el caso Dietrichson. Mientras Keyes le informa de las últimas novedades, Norton se sienta en el borde de la mesa, subrayando su posición de superioridad. Cuando este le confirma la existencia y validez de la póliza, Norton lanza una dura mirada de reproche hacia Walter. El agente, incómodo, trata de justificar su actuación y Keyes sale en defensa de su compañero.

No será la única vez que lo haga. Entre ellos existe un vínculo paterno-filial que parece complementarlos física y moralmente. Por su corta estatura, Keyes se ve obligado a mirar hacia arriba cuando habla con el protagonista. Se muestra como un padre que lidia con un adolescente que, de un día para otro, ha crecido más allá de lo esperado y aun así siente la necesidad de protegerlo. Ahora bien, para Neff, Keyes es una figura ambivalente: desde luego representa el orden y el sistema que Neff quiere sabotear desde dentro, aunque al mismo tiempo encarna una integridad que Walter admira. Hasta ese momento ha sido un modelo de comportamiento, pero ahora parece dispuesto a cometer lo que, en términos freudianos, sería un parricidio.

Nada satisface al presidente y está decidido a darles una lección a sus empleados, para los que ha preparado una pequeña sorpresa. Una llamada interna le comunica que su visita ha llegado. La puerta se abre y la secretaria de Norton da paso, ante la sorpresa de Walter, a la mismísima Phyllis, que va vestida con un traje gris, guantes y bolso negros, y remata el conjunto con un sombrerito con velo con el que trata de matizar el brillo de su provocadora cabellera rubia. Después de las presentaciones, solo Phyllis y Keyes se sientan. Walter prefiere permanecer de pie junto a la chimenea. Su gesto es serio, tenso y expectante. En un plano muy similar, el montaje nos muestra a Norton, de pie, junto a la butaca donde se ha sentado la "desconsolada" viuda. La puesta en escena sugiere el estrado de un tribunal en el que Norton parece haberse reservado el papel de fiscal. Se suceden las preguntas inquisitivas y las respuestas impasibles. Cuando Norton le comunica la existencia de una póliza de vida con una cláusula especial de doble indemnización, ella no se inmuta. Cuando sugiere la hipótesis de un suicidio, se hace el silencio. Se suceden los primeros planos de Walter y Phillys sorprendidos. Ella mira de reojo a su cómplice que está fuera de campo, para luego bajar la vista con dolor impostado. Con intención de mitigarlo, Walter se acerca para ofrecerle un vaso de agua. Sus ojos se encuentran de nuevo fugazmente. Regocijado por su "perspicacia", Norton se ha sentado detrás de su amplia mesa. Ante la mujer y sus empleados expone su teoría: Dietrichson contrató el seguro en el más absoluto secreto para no levantar sospechas. Si es suicidio, la compañía no está obligada a pagar y podría acudir a los tribunales.

Cuando Norton concluye sus conjeturas, el montaje se detiene en un primer plano de Phyllis. La cámara registra, con la precisión de un sismógrafo, su reacción: sus ojos se agrandan, fija su mirada en el vacío, para luego levantarse con indignación. Norton recula, tratando de recuperar el control. Ya es demasiado tarde, Phyllis se levanta encolerizada y la entrevista termina abruptamente cuando sale dando un portazo tras de sí. Un revelador plano medio nos muestra a Norton con el rostro desencajado y humillado ante sus dos empleados.

Cuando Norton insiste en su teoría del suicidio, Keyes estalla e hila un discurso que constituye uno de los momentos interpretativos más brillantes de la carrera del actor. Mientras sus expresivas manos enumeran los datos, subrayan la argumentación y sentencian con rotundidad, las palabras brotan de su boca con el trepidante ritmo de una ametralladora. Con la garganta reseca, el monólogo se cierra con Keyes arrebatando el vaso de agua que Norton sostiene en su mano y vaciándolo de un solo trago. El presidente se ha quedado estupefacto, momento que aprovechan sus empleados para abandonar juntos su despacho. Walter está íntimamente alborozado. Wilder concluye la secuencia recurriendo, una vez más, al familiar ritual entre los dos amigos. Neff no puede creer que todos sus planes se estén cumpliendo con escrupulosa precisión. Su inicial inseguridad ha desaparecido. Un fundido encadenado nos lleva al pasillo del edificio de apartamentos donde vive Walter.

## 5.3.8. No me fío de las apariencias

1h. 05'58"

Un plano general nos muestra a Neff, ufano y sonriente, atravesando el corredor hasta la puerta de su piso. En la banda sonora se retoma el tema romántico de Rózsa. El primer pensamiento cuando entra en su apartamento no es, curiosamente, para su amante: "ya veía esos cien mil dólares en mi bolsillo o en un banco". Quizá por eso, suena ahora el teléfono.

Cuando descuelga el auricular, Phyllis se encuentra al otro lado del aparato. Ronronea. Se intercambian dulces palabras, pero esta llamada también funciona como una advertencia. Phyllis no está dispuesta a que se la ignore y pide subir para verlo. La iluminación elegida por Seitz para retratarla dentro de la cabina es excepcional: un halo glamuroso rodea su cabeza, pero sus manos culpables están todavía cubiertas con guantes negros. Sensualidad y muerte, su doble naturaleza una vez más puesta de manifiesto.

Ambos parecen relamerse ante un reencuentro que imaginan será feliz. Pero, antes de colgar, Walter le pide que sea discreta. Con breves panorámicas, la cámara sigue las impacientes idas y venidas de Neff por la sala de estar de su apartamento. Un sutil cambio en la banda sonora, casi imperceptible, nos advierte de que algo está a punto de ocurrir: los sombríos acordes de un contrabajo se imponen al tema romántico dominante. Suena el timbre de la puerta. No puede ser Phyllis tan pronto. Sin cortes, una nueva panorámica lo acompaña hasta la puerta. Se toma un instante antes de abrir. La tensión crece, la sorpresa está servida. Al otro lado no está su amante, sino un meditabundo Barton Keyes que, sin mediar palabra, entra en el apartamento de su amigo.

El guion aprovecha para introducir una nueva nota de suspense. Walter y el público saben que, si Phyllis y Keyes se encuentran, todo está perdido. Una vez más, Wilder coloca al espectador en una perversa tesitura moral, pues al identificarse con las tribulaciones de Walter se alinea, sin saberlo, con los intereses del homicida.

Keyes intuye algo fraudulento en el caso Dietrichson. La cuestión que ha desatado sus sospechas es simple: si el marido de Phyllis había suscrito un seguro de accidentes y unos días antes de su muerte se fracturó una pierna, ¿por qué no reclamó la indemnización que le correspondía?

La cámara se acerca a los personajes para encuadrarlos en un primer plano conjunto mientras conversan. Keyes desecha el suicidio, pero también el accidente. Las estadísticas no avalan esa posibilidad. El silencio se espesa entre los dos hombres. Keyes, meditabundo, se pasea por la habitación. Walter no puede soportar más la presión y, tragando saliva, lanza al aire una tercera opción: el asesinato.

En el montaje, con un corte directo, se aprovecha para aumentar la tensión con un plano general de Phyllis llegando a la puerta del apartamento. A través de ella, escucha las voces reconocibles de los dos hombres y cómo Keyes sospecha de ella. La acción vuelve a trasladarse al interior: Keyes necesita una farmacia, algo que le alivie el estómago. Los amigos se despiden. Phyllis queda oculta *in extremis* por la puerta cuando esta se abre, de modo inverosímil, hacia afuera. Jugando con la profundidad de campo, Wilder aprovecha para ilustrar las complejas relaciones del trío protagonista: en primer término, en la sombra, Phyllis agarra el pomo de la puerta para evitar ser descubierta y al mismo tiempo advertir, con sutileza, a Neff de su presencia; en un segundo plano, de espaldas al espectador, se encuentra el agente de seguros, que, aunque trata de seguir con la conversación, parece más preocupado por el peligro que corren él y su amante si Keyes percibe la presencia de la viuda; al fondo, se sitúa Keyes, que va y viene, del ascensor a la puerta, generando más alarma y zozobra en el personaje principal y, por identificación con él, entre los espectadores. De alguna manera, en este plano medio se plasma de un modo expresivo esa dicotomía latente en el film, que contrapone un mundo masculino abierto y dinámico, encarnado por las figuras de Keyes y Neff, a un mundo femenino sensual, pero enclaustrado: Phyllis, en primer término y a la izquierda de la composición, permanece oculta e inmóvil detrás de la puerta abierta del apartamento de Walter, mientras Barton Keyes, que se encuentra a la derecha del plano, goza de libertad para moverse por el resto del espacio compositivo.

Finalmente, Keyes abandona la escena. Los amantes por fin están a solas. El resto de la secuencia se resuelve con un solo plano que, a medida que pasa el tiempo, va gradando su escala desde un plano general hasta un intenso primer plano de la pareja protagonista. Tras la inesperada visita de su compañero de trabajo, Fred se muestra dubitativo, temeroso. Ella se aproxima y la cámara con lentitud los encuadra en un primer plano. Su mano, todavía embutida en un guante negro, se posa sobre el hombro de su apesadumbrado amante. Viendo en peligro todo su plan, Phyllis despliega todo su arsenal. Con ojos llorosos, su voz finge quebrarse y le reprocha su distanciamiento. Walter se gira. Están de nuevo frente a frente, mirándose con ardor. En la banda sonora, la sección de cuerda gana presencia e intensidad, recupera una tonalidad de tintes tardo-románticos y puntúa la inquietud de Phyllis. Walter no resiste y la besa. La secuencia concluye con un significativo fundido en negro. Un definitivo manto oscuro se ha cernido sobre los asesinos. Todavía no lo saben, pero han sellado con un beso su aciago destino.

## 5.3.9. Las sospechas de Lola

1h. 10'48"

En esta secuencia, de 4 minutos de duración y resuelta con 15 planos, uno de los personajes secundarios adquiere un papel narrativo inesperado. En realidad, en la novela de Cain, Walter se enamoraba dos veces: primero caía en los brazos de la seductora Phyllis, y luego en los de su hijastra Lola. El primer enamoramiento es maligno, el segundo inocente y sin connotaciones sexuales. Para los guionistas, según Sikov (2000: 257), el amor entre la cándida adolescente y un asesino sin escrúpulos era algo inverosímil. En el film, la función de Lola es la de sembrar el desconcierto en el protagonista.

La acción arranca en la antesala de la aseguradora. Vestida con un sencillo traje negro en señal de luto, Lola aguarda a Walter. Sus dedos nerviosos tironean un pañuelo mientras vigila con ansiedad las puertas del ascensor. Cuando lo ve acercarse, se levanta, se interpone en su camino y se presenta. Walter titubea cauteloso. Lola desea hablar a solas con él, en un lugar tranquilo.

Con una breve panorámica, la cámara los sigue mientras cruzan juntos la galería abierta al patio central de la agencia. Una vez en el interior del despacho del agente, sin apenas preámbulo, Lola se desahoga mientras la elegante fotografía de Seitz remarca su inocencia y desamparo. En cambio, el rostro de Neff denota inquietud y un punto de culpable compasión. En su desesperado relato, la joven desvela el oscuro pasado de Phyllis como enfermera de su madre. Para Lola no hay dudas de que su comportamiento quebrantó aposta la salud de la primera esposa del señor Dietrichson. Aturdido por la revelación, Walter se tambalea, trata de recomponerse tras el golpe. Por primera vez los dos personajes aparecen en un mismo plano: en primer término, ligeramente desenfocado y en ángulo picado, se sitúa el asesino que, poco a poco, gira sobre sí mismo hasta dar la espalda a la joven, que ocupa el centro de la composición. El agente resta importancia a su testimonio, cree que es fruto de su mala relación con Phyllis. La joven, impotente, rompe a llorar. La cámara cambia de posición y el encuadre adquiere un punto de vista más bajo, junto a Lola, dejando en segundo término al protagonista. De este modo, la planificación sitúa al espectador, física y emocionalmente, del lado de la víctima. La aflicción de Lola no conmueve al asesino; solo cuando la joven confiesa que ahora vive de alquiler y ha abandonado a su novio, despierta el interés de Walter, que se subraya con un oportuno primerísimo plano. Tiene ante sí la ocasión de "velar" por la joven y sus propios intereses sin levantar sospechas.

Una imagen cercana de una llorosa Lola da paso a dos planos de la pareja, enlazados con sendos fundidos: en el primero, aparecen cenando en silencio en un restaurante mexicano; en el segundo, en el interior de un coche rumbo a la playa. En este último la actitud de Lola ha cambiado, está más relajada, sonríe. La voz en *off* de Neff desgrana sus intenciones: "Quería animarla un poco. Tenía que estar seguro de que no le contaría a nadie más esas cosas sobre Phyllis. Era pura dinamita, fueran verdad o no". Como buen agente de seguros, trata de minimizar los riesgos. Su afabilidad es impostada. Para sugerirlo, la cámara cierra el encuadre hasta un primer plano de Neff al volante. Escucha a Lola a medias. Otros pensamientos ocupan su mente, pues hace días que no sabe nada de su cómplice. Un nuevo encadenado funde el rostro de Walter con un plano general de las dependencias de la compañía.

## 5.3.10. Un testigo incómodo

1h. 14'48"

La acción de esta secuencia –de 20 planos y 6 minutos de duración– se abre con un plano general. Walter cruza la galería abierta sobre el patio central de la oficina. Con una armoniosa panorámica, la cámara sigue al protagonista hasta que llega ante el despacho de Keyes; entonces aminora el ritmo de sus pasos y se detiene con expresión sobresaltada. Junto a la puerta está sentada una figura familiar. Es Jackson, el hombre de la plataforma del tren. Neff trata de controlar sus emociones, pero la brusca irrupción de los contrabajos en la banda sonora remarca la inquietud que ha creado en él este inesperado encuentro. Súbitamente se impone un silencio tenso y expectante.

En el siguiente plano, Barton Keyes aparece tumbado sobre un cómodo diván, con su habitual habano en la boca. Está satisfecho consigo mismo porque cree haber resuelto el caso Dietrichson. No ha sido un accidente, sino un asesinato perpetrado por la viuda y un cómplice cuya identidad aún desconoce. Incómodo, Walter busca apoyo en diversos elementos del mobiliario: primero en el respaldo de una silla, más tarde se acomoda en unos de sus reposabrazos. Infructuosamente intenta dinamitar la argumentación de su colega, pero para Keyes todo encaja como un reloj. Y para demostrarlo cuenta con un testigo, la única persona que pudo ver bien al suplantador del señor Dietrichson en el tren. Cuando Keyes sale de campo en busca de Jackson, Neff se aleja hasta un segundo plano para pasar desapercibido. Es consciente de que el cerco se está cerrando sobre él. Si Jackson lo reconoce está perdido. El protagonista se encuentra en una situación límite, y Billy Wilder lo expresa visualmente componiendo un plano donde sitúa, en primer término, a Keyes y a su testigo mientras ojean las fotografías del asesinado y, al fondo y entre ellos, a Walter. Para Jackson no hay duda, las fotografías no se corresponden con el hombre del tren.

Al fondo de la habitación, un ventilador marca, con sus aspas detenidas, una significativa y simbólica equis sobre la cabeza del verdadero culpable. Neff trata de embridar su nerviosismo mordisqueando con fruición el extremo de una cerilla, símbolo de la relación que tiene con Keyes. El interrogatorio continúa. Jackson se muestra distraído, lanzando ojeadas de cuando en cuando al mudo protagonista. Hay algo en él que le resulta vagamente familiar. Para incrementar esta sensación y aprovechando que Keyes habla por teléfono, la cámara describe una panorámica encuadrando únicamente a Jackson y a Walter Neff. Las miradas interrogativas se suceden. Incómodo, Neff se gira para esquivarlas, pero Jackson no da su brazo a torcer y le pregunta si se conocen del pasado. Walter lo niega hasta en tres ocasiones. Entonces Keyes entra de nuevo en cuadro y, con amabilidad pero también con firmeza, acompaña a su invitado hasta la puerta. Está ufano, satisfecho. El rompecabezas está resuelto, Jackson ya puede irse tranquilo cobrando lo pactado. Sin saberlo, Keyes ha librado a su compañero de una fastidiosa situación.

La secuencia está a punto de concluir. Apenas quedan seis planos. Durante ellos, Walter no dice nada, se limita a escuchar lo que parece un alegato de conclusiones por parte de Keyes. Para él, un asesinato nunca es perfecto. Phyllis es culpable, la identidad del otro está todavía por determinar, pero esto es únicamente una cuestión de tiempo: "En algún momento, en algún sitio tendrán que encontrarse". A los primeros planos de Keyes le siguen otros de Neff, en silencio, mordiendo intranquilo la madera del fósforo. Mientras, Keyes continúa su vehemente perorata: "Han cometido un asesinato y eso no es como subirse a un tranvía en el que cada uno puede bajarse en una parada distinta. Tienen que seguir en el tranvía hasta el final del trayecto. Y es un viaje sin retorno, y la última parada es el cementerio". Cuando concluye, se lleva el puro a la boca y Walter, como siempre, se apresura a encenderlo con una cerilla. Hasta ahora el gesto había sido muestra de la relación paterno-filial que unía a los personajes, pero Wilder introduce en su ritual un pequeño cambio. La secuencia se cierra con un primer plano de Keyes, que enciende el habano y, de reojo, observa a su amigo, que se encuentra fuera de cuadro. Esa última mirada resulta significativa por cuanto sugiere que Keyes ha comenzado a sospechar de su compañero. Es una pista visual que, de modo exquisito, se deja caer en este momento y que no tardará en cobrar sentido para el público.

## 5.3.II. Juntos hasta el final del camino 1h. 20' 14"

Los acontecimientos se precipitan. Con un fundido encadenado volvemos a la cabina telefónica del *Jerry's Market*. Esta vez es Walter quien, haciéndose pasar por un empleado del supermercado, se pone en contacto con su cómplice. Necesita verla con urgencia. Cuando cuelga hay un nuevo encadenado a un plano general de la avenida Melrose desde el interior del local. Hace un día luminoso, el ir y venir del tráfico y de los peatones es incesante. Un elegante automóvil aparca junto a la acera y de él sale Phyllis ocultando sus ojos con unas gafas oscuras. Con un corte directo y sin variar la escala, pasamos a una de las secciones del establecimiento. Manteniendo el *raccord* de dirección, Phyllis entra en cuadro por la derecha. En ciertos aspectos, la planificación de esta breve –apenas 3 minutos de duración y 12 planos– y decisiva secuencia tiene un carácter similar al de la descrita en el epígrafe 5.3.2. Al igual que entonces, entre los amantes y el objetivo de la cámara se interpone un estante repleto de mercaderías; al igual que entonces, un *travelling* los sigue mientras cuchichean por los pasillos. Pero el diálogo ahora es tirante, enojoso. En el montaje, la tensión entre los amantes se punteará disminuyendo progresivamente la escala de los planos. En un primer momento, se dan la espalda. Walter le advierte del peligro que corren, de que Keyes ya sospecha de ella y está esperando que cometan un error. Además, si hay un juicio, todo el pasado de Phyllis puede salir a la luz, "como, por ejemplo, lo que pasó contigo y la primera señora Dietrichson". En ese momento, ella se gira y se coloca desafiante frente a él. Con un corte directo se pasa a un primer plano de ambos. El centro de la composición lo ocupa ahora Phyllis, él queda en primer término y de perfil. Se trata de un punto de no retorno en su relación. Ella le increpa por haber dado pábulo a las "historias disparatadas" que Lola le ha contado. Obedeciendo las leyes clásicas del campo/contracampo, un nuevo corte directo nos coloca frente a Neff. De espaldas a la cámara, ella continúa con sus reproches. En la banda sonora, la sección de cuerda de la orquesta vuelve a tomar protagonismo interpretando rítmicamente una enervante melodía. Phyllis le implora para que continúen unidos y le agarra el brazo olvidando donde están. Pero Walter ya ha tirado la toalla y se aparta con brusquedad.

Mientras la cámara panea y retrocede, Phyllis se coloca en el lado opuesto de una estantería, que, metafóricamente, simboliza el muro que los separa. A través de las mercancías apiladas prosiguen, en voz baja, la conversación. El final de esta secuencia se resuelve con una sucesión de primeros planos con los que se materializa la ruptura de los amantes. En primer lugar, la cámara centra su atención en Phyllis. Su tono es amenazante. Reconoce que odiaba a su marido, pero le advierte, con cinismo, que fue él quien planeó el asesinato. Boquiabierto, Walter no puede dar crédito a lo que escucha. La viuda, entonces, se quita sus gafas negras, lo mira con altivez y, antes de abandonar el cuadro por la derecha, le advierte: "nos metimos en esto juntos, y vamos a seguir juntos hasta el final". Con un *travelling* de acercamiento, la escena acaba con un primerísimo primer plano del rostro atónito y desencajado del protagonista. Sobre esta imagen desoladora, un fundido encadenado nos devuelve al presente. En la oscuridad de la noche, Neff presenta un aspecto lastimoso. Sobre su hombro izquierdo una mancha de sangre crece de un modo ostensible. Walter confiesa que fue entonces cuando comenzó a planear el asesinato de Phyllis.

## 5.3.12. Phyllis tiene otro amante 1h. 23' 21"

En la que es, posiblemente, la secuencia más breve del film, la acción se traslada a las colinas de Santa Mónica. Entre las sombras se vislumbran las figuras de Walter y Lola. La cámara los escolta hasta un claro desde el cual se divisa el emblemático edificio del Hollywood Bowl. En el escenario, una orquesta sinfónica interpreta el primer movimiento de la Sinfonía inacabada de Schubert. Una sutil puesta en escena desvela la distancia moral que separa a estos dos personajes. A priori, el marco de la cita resulta romántico, pero también un lugar apartado, lejos de las miradas curiosas y de encuentros embarazosos. Por esa razón, la actitud de Lola y Walter ante lo que escuchan es bien distinta. La muchacha está conmovida, el protagonista se limita a buscar un cigarrillo, dar la espalda a la representación y sentarse sobre la hierba. Solo después de unos segundos, cuando intuye las lágrimas de la joven, muestra algo de interés. Compungida, Lola le revela una verdad que, a la postre, también va a ser para él dolorosa. Los planos ahora se hacen más cortos, es necesario que el espectador sea testigo privilegiado del torrente de emociones que hacen tambalear a los dos personajes. Primero es ella quien le hace partícipe de sus sospechas. Nino ha sido el cómplice de Phyllis y, tal vez, también su amante. Un primer plano de Walter registra su estupor. Si todo es cierto, él ha sido víctima de un retorcido complot. La venda ha caído de sus ojos. Pero todavía le queda por descubrir alguna que otra sorpresa más.

## 5.4. Desenlace: El destino llama a la puerta

### 5.4.I. La suerte está echada

1h. 25' 54"

En esta secuencia, resuelta con solo 6 planos, se aprecian tres momentos distintos que transcurren en otros tantos espacios diferentes, todos ellos en el edificio de la aseguradora. Con un fundido encadenado, la primera escena arranca en el vestíbulo. Son las cinco de la tarde y los empleados regresan a sus casas. Aunque es un plano general, en primer término se encuentra Barton Keyes entretenido en una tabaquería. Al fondo, en medio de un grupo de oficinistas, se distingue a Walter Neff. Al verlo, Keyes le pide que se acerque un minuto. Con un *travelling*, el cuadro se cierra, y varía su escala hasta un plano medio sobre los dos personajes. Keyes tiene dos noticias que darle: ya conoce la identidad del cómplice de Phyllis –aunque no le revela su nombre– y ella ha demandado a la compañía. Antes de despedirse, el jefe de reclamaciones comienza a palparse por enésima vez su chaleco. Mecánicamente y de un modo servil, Neff le ofrece una cerilla encendida, pero por primera vez le reprocha que no lleve las suyas. "No me gustan", le dice Keyes mientras prende su cigarro, "siempre me explotan en los bolsillos", y desaparece por la puerta del edificio. La banda sonora recupera la voz en *off* de Walter. Está aterrado: no sabe si Keyes está jugando al ratón y al gato, tendiéndole una trampa. Se gira y se encamina hacia el ascensor, mientras es seguido por una leve panorámica.

Con un encadenado, la acción arranca con Neff introduciéndose sigilosamente en el despacho de Keyes. Inspecciona varios documentos, comprueba que la gaveta del escritorio está cerrada con llave y se percata de la presencia de un dictáfono. Sin pensárselo dos veces, lo enciende y la voz de Keyes rompe el silencio. Se trata de un *memorándum* confidencial sobre Neff y su posible relación con el caso Dietrichson. Arguyendo la amistad que les une, Keyes descarta cualquier vinculación. Conmovido por esta defensa de su inocencia, el protagonista se sienta sobre la mesa, movimiento que se aprovecha para, en corte directo, pasar a un punto de vista más cercano. Como comenta Happ (2003: 44), "Wilder mantiene la cámara sobre MacMurray mientras este escucha con inquietud cómo su amigo lo alaba. La traición de MacMurray a Robinson es tan grave como sus otros crímenes". Keyes finalmente desvela que Nino Zachetti es el cómplice y el amante de Phyllis. Su recomendación es dejar todo en manos del fiscal y de la policía. Cuando la máquina se detiene, solamente se escucha el zumbido de la aguja sobre el cilindro vacío.

Tras un nuevo fundido y cuando está a punto de marcharse, Neff tiene una idea repentina y vuelve sobre sus pasos al despacho. Tras un encadenado a plano medio, la cámara lo sigue hasta su mesa con un movimiento en el que se combina, sin variación de escala, una panorámica lateral a la derecha con un *travelling* de acercamiento. Descuelga el teléfono para hablar con Phyllis. Su voz es resuelta, su tono imperativo. No deja margen a su interlocutora. Se cita con ella en su casa a las once de la noche. Al terminar la llamada, saca un pañuelo y se enjuga el sudor de la frente y de las manos. El guion atribuye a este gesto una cualidad simbólica: el protagonista trata de borrar el rastro de su crimen.

## 5.4.2. Tiroteo entre amantes

1h. 30' 10"

El clímax de este trágico relato se resuelve con 35 planos y una duración de 8 minutos. El tranvía está llegando a su última parada. Un encadenado con elipsis nos traslada al interior de la vivienda. Se trata de un espacio familiar, reconocible. Un plano general con un encuadre ligeramente en picado se abre sobre un vestíbulo solitario, y al poco Phyllis entra en cuadro mientras baja las escaleras. Está ataviada con un pijama de seda blanco, zapatillas y, oculto en un fular, porta algo pequeño y pesado. Tal y como le ha pedido antes Neff por teléfono, deja la puerta entreabierta. A continuación, seguida por un movimiento panorámico, se dirige hacia el salón. Con un corte directo, la cámara se sitúa en contrapicado en el extremo opuesto de la habitación. La oscuridad sería absoluta si no fuera por los rayos de la luna llena, que en su paso por las persianas venecianas crean sobre paredes y muebles un laberíntico entramado de luces y sombras. Un *travelling* acompaña a Phyllis hasta su sillón de orejeras donde levanta el blando cojín de asiento. La cámara se acerca para que seamos testigos de cómo deposita el revólver que ocultaba en el pañuelo. En la banda sonora, un repentino e inquietante *ostinato* de violines y contrabajos remarca el momento, para luego disolverse en un lúgubre silencio. Phyllis toma un cigarrillo y su cara se ilumina durante unos segundos. Su semblante se endurece al escuchar un coche que se acerca. Se sienta y el tamaño de la butaca hace que su cuerpo casi desaparezca, adquiriendo el valor metafórico de una sólida fortaleza. Phyllis aparece en primer término disfrutando con calma de su pitillo.

Cuando se abre la puerta de entrada, la silueta de Walter se recorta contra la luz de la luna. El espacio que, semanas antes, fue testigo de su alocada pasión, ahora aparenta ser la guarida de una fiera peligrosa. No se decide a entrar hasta que emerge, susurrante, la voz de Phyllis de entre las sombras. Justo entonces, a través de una ventana abierta y desde un aparato de radio del vecindario, llega a la habitación la sinuosa melodía de "Tangerine"[6]. Neff se acerca y se sienta frente a ella en el brazo del sofá.

6 Canción compuesta en 1941 por Victor Schertzinger, con letra de Johnny Mercer, y popularizada por Cass Daley y Betty Hutton en *Rivales por un beso* (*The Fleet's In*, Victor Schertzinger, 1942).

De una manera inconsciente, ambos han adoptado posturas y ocupan posiciones que recuerdan a las de su primer encuentro. Pero ahora la iluminación diseñada por John Seitz es mucho más expresiva. Las sombras dominan todos los rincones, la atmósfera se adivina enrarecida. El enfrentamiento es inevitable, pero mientras llega –como si estuviéramos en el duelo final de un wéstern– la calma es tensa. Obedeciendo las leyes del campo/contracampo, se alternan los primeros planos de los personajes. Ante una fría e impávida Phyllis, que lo observa mientras fuma con parsimonia, Walter desgrana sus planes. En medio de la oscuridad, sus ojos centellean de resentimiento. Quiere desenmascararla, desbaratar todas sus mentiras y sus argucias. El nombre de Zachetti sale pronto a relucir. Parece ser esta la verdadera razón de su quebranto. Cuando Phyllis tímidamente niega su relación con el joven, el agente se levanta para cerrar una ventana y amortiguar la canción. En el montaje se aprovecha este movimiento para, con corte directo, pasar a un plano de conjunto contrapicado, bellísimamente iluminado por Seitz por efecto del contraluz. Walter, que está detrás del sillón donde se encuentra sentada Phyllis, se convierte en una sombra turbadora. De un modo amenazador, sus manos se colocan en el espaldar, a un lado y otro de la cabeza de la actriz. Sin tapujos le confiesa que su intención es abandonar, salvar el cuello y hacer que todas las culpas recaigan sobre el muchacho. Tan ciega es su ira que, cuando su amante le insinúa que podría confesarlo todo, él desvela sus verdaderas intenciones: "A veces la gente está en sitios en los que no puede hablar. Debajo de dos metros de tierra, por ejemplo". El tono no es el de una advertencia, sino el de una decisión ya tomada.

La cámara ahora se emplaza sobre los personajes. Con un ángulo picado, el plano presenta en primer término a Walter y, al fondo, en una tensa diagonal y ocupando el centro compositivo, a una Phyllis sentada, vigilante e imperturbable. En el montaje se vuelve a recurrir al inevitable juego del campo/contracampo. Phyllis también tiene sus propios planes para acabar con Lola. Cuando Neff le recrimina la perfidia de sus maquinaciones, fría y brutal, ella le pregunta: "¿Es que lo que tenías preparado para esta noche es mejor?".

Las cartas están echadas. Con la excusa de cerrar otra ventana para dejar de oír la música, Neff saca un revolver del bolsillo de la chaqueta. Pero Phyllis se adelanta, arroja el cigarrillo al suelo y le dispara hiriéndole en el hombro izquierdo. El agente se tambalea y, seguido por la cámara en *travelling*, da unos pasos decididos hacia ella. Neff la desafía a que vuelva a dispararle, ella está paralizada. Cuando su cómplice la desarma, Phyllis lo rodea con sus brazos, totalmente entregada.

La intensidad es máxima. En la planificación se alternan primerísimos planos de ambos. Cuando la enfocan a ella revelan el rostro de una mujer que, en cualquier otro contexto, parecería enamorada. Reconoce que está "corrompida hasta el corazón", que, hasta hace un minuto, no sentía nada por él. Ahora todo ha cambiado. Pero Walter no está dispuesto a caer enredado en otra de sus artimañas. Ella entonces cruza los brazos sobre el cuello de Neff y le pide que la abrace fuerte. En la banda sonora, la sección de cuerda de la orquesta subraya, con vehemencia, este postrero momento de intimidad. Cuando se apartan un segundo, Phyllis se da cuenta de que su final se acerca: "Adiós, encanto", le susurra su amante al oído y, fuera de campo, estallan uno, dos disparos. El cuerpo inerte de la mujer se desploma, Walter lo levanta despacio y lo tiende, con cuidado, sobre el sofá. Antes de irse recoge del suelo su revólver, pero se detiene cuando ve cómo la luz de la luna riela sobre su tobillera. Lentamente se levanta y se aparta de ella para salir de la habitación acompañado por la lúgubre melodía de los títulos de crédito.

El final de esta secuencia transcurre en el exterior de la casa de los Dietrichson. Wilder da a su personaje una última oportunidad de redimirse. En plano general vemos cómo Neff, malherido, cierra la puerta tras de sí, escucha los pasos de alguien que se aproxima y se esconde detrás de unos arbustos. Es Zachetti. El agente le exhorta a no perder el tiempo y que vuelva con Lola. Zachetti duda y Neff entonces lo agarra y, con violencia, lo empuja para que regrese a su automóvil. Cuando el muchacho sale del cuadro, Walter huye, desapareciendo entre los matorrales.

## 5.4.3. El último suspiro

1h. 38' 19"

Con un fundido encadenado regresamos por última vez al tiempo presente. A través de una de las ventanas del despacho alborea un nuevo día sobre la ciudad. Con un breve paneo, la cámara se fija en un primerísimo plano del rostro agotado del protagonista. Todo a su alrededor está desenfocado. Habla despacio, tosiendo de vez en cuando. De pronto interrumpe su dictado porque advierte la presencia de otra persona y, cuando se vuelve, saluda a Keyes. Con un corte directo vamos a un plano de conjunto. Su amigo se ha adentrado unos pasos en el despacho. Mientras se acerca hasta la mesa de Walter, la cámara cierra con un *travelling* el campo de acción hasta dejar a ambos en plano americano. El jefe permanece inmóvil, en silencio. La interpretación de Robinson ahora es más sobria, Cuando por fin logra articular palabra, es solo para expresar su decepción e incredulidad: "Estas acabado, Walter". Con un enorme esfuerzo, Neff trata de incorporarse y se queda ahí, tambaleándose, mientras en la chaqueta se extiende la sangre de su herida. No quiere que lo curen para después ejecutarlo. A la desesperada, le propone un plan a su compañero. Le pide que se olvide de todo y le conceda el tiempo suficiente para alcanzar la frontera mexicana. Keyes se muestra benévolo como un padre y, condescendiente, intenta disuadirlo sin éxito: "No tienes ninguna oportunidad, ni siquiera podrás llegar al ascensor".

Desoyendo a su amigo, Neff abandona su despacho con dificultad. Keyes no lo detiene, se limita a contemplar, apesadumbrado, esta inútil huida. Con un corte directo pasamos a un plano general contrapicado. Desde el vestíbulo vemos cómo Walter atraviesa la galería abierta y se acerca, poco a poco, hasta la cámara. A duras penas se mantiene en pie y, al intentar abrir la puerta, se desploma. Su destino está sentenciado. Walter ha claudicado. Con un corte directo, se pasa a un plano medio de Walter recostado contra el marco de la puerta. Se escucha la voz de Keyes solicitando una ambulancia y la presencia de la policía. A continuación, desde el fondo desenfocado del plano, se vislumbra unas piernas que se acercan hasta donde yace el agente. Solo cuando se agacha, Keyes entra en cuadro situándose, física y moralmente, por encima de Walter. Es la primera vez que el presuntuoso protagonista se ve obligado a mirar hacia arriba cuando habla con Barton: "¿Sabes por qué no me descubriste?" le pregunta jadeante, "porque al que estabas buscando estaba demasiado cerca. En la mesa de enfrente a la tuya". Barton le corrige: "Mucho más cerca, Walter". Neff sonríe de mala gana y se le escucha murmurar: "yo también te quiero". Mientras busca a tientas un cigarrillo en el bolsillo de su chaqueta y se lo lleva a los labios, en la banda sonora comienzan a escucharse los primeros acordes de la premonitoria melodía de los créditos iniciales. Luego, con gran dificultad, saca una cerilla e intenta, inútilmente, encenderla. Keyes se la quita de las manos y, revirtiendo el conocido ritual, prende la cerilla con su pulgar y, entristecido, se la ofrece a su compañero en un gesto de respeto y complicidad masculina. Durante unos segundos la llama revela el desolado rostro de una víctima. Poco a poco, la pantalla se oscurece para dar paso al conocido logo de la Paramount. Sobreimpresionadas sobre la montaña nevada se puede leer THE END. Durante unos segundos resuenan pomposos timbales y violines. Con un fundido en negro, la película finaliza. El telón ha caído sobre este descarnado relato de lujuria, codicia, traición y muerte. No hay final feliz.

# 6. Recursos expresivos y narrativos

## 6.1. Un montaje al servicio del relato

El clasicismo vertebra la mayor parte de los recursos expresivos y narrativos de este film. El objetivo de la puesta en escena es simple: contar con eficacia la tortuosa historia de Neff y Phyllis. En *Perdición*, Wilder no parece especialmente inclinado a hacer grandes alardes técnicos. Salvo que se preste mucha atención a su caligrafía, casi no se le ve. Su montaje es funcional, académico si se quiere. Procura ordenar los planos graduando su escala sin estridencias ni saltos bruscos. No busca epatar al espectador de forma gratuita e injustificada. Trata de situarlo siempre, y sin que se dé cuenta, en una posición que lo convierta en testigo privilegiado del espectáculo que se está desplegando ante sus ojos. Aunque no lo parezca, apostar por esta clase de invisibilidad es también asumir una determinada opción estética. Como otros realizadores coetáneos, Wilder trabajó dentro de los límites del "modo de representación institucional" (MRI), y lo hizo con una solvencia y una calidad incuestionable.

Pese a su compleja estructura narrativa, la trama fluye con naturalidad porque Wilder no era un mero ilustrador *de* historias, sino que estaba dotado de una capacidad innata para contar historias *con* imágenes. Sus planos son sobrios, pero no anodinos. Son planos expresivos, de los cuales más de un setenta por ciento son, sobre todo, planos generales, americanos y medios, que buscan la complicidad de su público. Salvo en algunas escenas de transición, no parece que Wilder abogase por una excesiva fragmentación en la planificación de sus secuencias. Más bien parece alineado con los usos y costumbres del montaje de continuidad, que hace que el film progrese de un modo sencillo, lógico y fluido, sin rupturas ni precipitaciones. Así, las secuencias con mayor abundancia de puntos de vista suelen coincidir con aquellas de mayor duración y complejidad narrativa: la undécima y la duodécima, con 40 y 47 planos respectivamente.

En la construcción interna de sus secuencias mantiene, casi siempre, la pauta clásica de comenzar las escenas con planos generales, que sitúan al espectador en un espacio y un tiempo determinado (la casa de los Dietrichson, la agencia de seguros, el amanecer, la noche, a plena luz del sol). A partir de ahí, la escala de los planos varía en función de la intensidad de lo que está aconteciendo en pantalla. El corte entre un plano y otro se hace de forma tan discreta que los espectadores apenas son conscientes del cambio de posición de la cámara, lo que consigue atrapar su atención y hacerles partícipes de las emociones de los personajes. En esos casos, el primer plano es el recurso por excelencia. A veces, cuando la pareja se enzarza en un brillante toma y daca dialogado –tal y como ocurre en la segunda secuencia–, los planos se suceden en un vertiginoso juego de campo y contracampo. En otros momentos utiliza el primer plano como dramático colofón. Así pasa, por ejemplo, en la escena del estrangulamiento del marido, donde la cámara queda fija sobre el rostro de la mujer, que entreabre los labios presa de una íntima e inconfesable excitación. Únicamente en la secuencia final, cuando los *flashbacks* han cesado, se rompe la tónica general y se abre con un primer plano, muy cerrado, sobre el cuello del protagonista. Walter Neff está terminando su confesión y, de pronto, siente la presencia de otra persona en el despacho.

Para minimizar las interferencias del estudio en la posproducción, Wilder tendía a montar con la cámara (Armstrong, 2004: 27). Para el cineasta, el verdadero acto creativo residía, no en la filmación, sino en la yuxtaposición de las diversas tomas realizadas. Eran las tijeras, no la cámara, lo que determinaba el resultado final. Por esa razón, durante los rodajes se limitaba a filmar con los suficientes emplazamientos de cámara y con la movilidad necesaria para que, ante la moviola, se necesitase la cantidad mínima de montaje: "Una vez concluyo, en el suelo de la sala de montaje no queda nada salvo lágrimas, colillas y el papel que envuelve la goma de mascar" (Gehman, 2001: 33).

En *Perdición*, Doane Harrison, montador de casi todos sus filmes, debió contar con muy poco margen. Es probable que su mayor dificultad fuera, en un film cuya narración se vertebra a partir de sucesivos *flashbacks*, conseguir dar la coherencia espacial y temporal requerida por el cine clásico. Pese a ello, aplicó con ortodoxia un montaje de continuidad, sin bruscas disrupciones que pusiesen en peligro su comprensibilidad y atractivo. Para conseguir esto, Harrison aplicó con rigor ciertos principios inherentes al estilo de Hollywood, una serie de leyes no escritas que salvaguardaban el *raccord* de la acción, evitaban la desorientación del público y lo mantenía pendiente de la historia y del destino de los protagonistas. Con igual fin, se recurrió a la aplicación del campo/contracampo dentro del eje para resolver algunas de las conversaciones, y, para camuflar el corte entre plano y plano, se utilizaron estrategias relacionadas, bien con el diálogo o determinados efectos sonoros, bien con el movimiento de los intérpretes o sus miradas. De esta forma, el espectador está concentrado exclusivamente en el diálogo y en el trabajo actoral. Estas escenas conversacionales se montaron siguiendo un esquema convencional, que se repitió de secuencia en secuencia: primero, dos personajes hablan en plano general o medio para darnos el sentido de la situación; a continuación, la cámara se aproxima a ellos o pasa por corte a un plano más cercano, siempre en el mismo eje visual del anterior; finalmente, va alternando una serie de planos aislados de cada uno de los interlocutores mientras dicen su frase o escuchan a su antagonista.

En cuanto a las transiciones entre secuencias, en *Perdición* existe una clara preferencia: más que el corte directo, lo que predomina de una forma evidente es el fundido encadenado. Este peculiar recurso, casi siempre acompañado por la voz en *off* del protagonista, aparece al menos de dos maneras distintas en el montaje. La más abundante fue utilizarlo como un indicativo claro del paso de un tiempo pasado a uno presente o viceversa, pero también lo encontramos para señalar, incluso, los más pequeños lapsos de tiempo; por ejemplo, antes de que Walter abandone su apartamento para encontrarse con Phyllis y asesinar a Dietrichson, existe una serie de fundidos en los que se detalla cómo el protagonista coloca tarjetas en los timbres del teléfono y la puerta.

Llama la atención que apenas se emplee el fundido en negro. Este recurso fílmico, debido a su fuerte énfasis, solía indicar una ruptura notable en el tiempo o el espacio –casi con el valor de un punto y aparte en un texto escrito–. En general, Wilder nunca fue muy proclive a su utilización. Se vale de este recurso, por ejemplo, en *La tentación vive arriba* y en *El apartamento*, para señalar el final de cada uno de los tres actos. En otros filmes aparecen de un modo más abundante y con la función de marcar claramente las diferentes secuencias que articulan la trama, como en *Irma la dulce,* donde aparecen hasta ocho veces, o en *En bandeja de plata*, donde los utiliza hasta en dieciséis ocasiones. Pero estas películas son una excepción dentro de una filmografía donde lo normal es que no existan o escaseen los fundidos en negro.

En *Perdición* solo se vale de los fundidos en negro en dos ocasiones, para rematar las secuencias undécima y decimotercera, en las que, efectivamente, la acción se traslada a espacios y tiempos distintos. En el primero, hay un salto al presente, al despacho donde Neff se confiesa ante el dictáfono; en el segundo, tras el último beso entre los amantes, el plano se abre al vestíbulo de la aseguradora, donde Lola, impaciente, aguarda la llegada del agente. Ambas secuencias están vinculadas por dos temas comunes subyacentes: la duda y los sombríos presagios. Hasta ahora, el protagonista se había mostrado fatuo y seguro de sí mismo. El final de la undécima secuencia marca también el principio de su fin. Justo en ese instante, después de haber planificado escrupulosamente el asesinato, a Neff le asalta un negro presentimiento mientras pasea por la calle en medio de la noche. Sin un motivo aparente, su euforia se convierte en pesadumbre porque intuye que se encamina irremediablemente hacia un destino fatal. Y todo porque, de pronto, se da cuenta de que no escucha sus propios pasos y lo interpreta como un mal augurio.

La composición y el diseño fotográfico del último plano antes del fundido es, en ese sentido, significativo: una vista general de la calle nos presenta al protagonista, de espaldas y rodeado de sombras compactas, mientras avanza pesadamente hacia la oscuridad por una acera que, en diagonal, se pierde en la noche. La utilización del fundido no es solo funcional; también adquiere un valor simbólico al indicar, de este modo tan plástico, el arranque de la destrucción física y moral del agente de seguros.

Un poco más tarde, al final de la decimotercera secuencia, un nuevo fundido en negro pone fin a una tensa conversación entre Walter y su amante que termina con un beso. Poco antes, el agente ha recibido la visita inesperada de Keyes y está inquieto: su amigo comienza a sospechar que la muerte de Dietrichson no ha sido un accidente. Mientras habla con Phyllis, Neff, nervioso y dubitativo, evita el contacto visual con su cómplice. Para simbolizar las dudas que lo asaltan, la luz de Seitz ensombrece las cuencas de sus ojos. Phyllis, alarmada, decide cercar emocionalmente a su cómplice. Mientras ella le pone su mano enguantada sobre el hombro, la cámara de Wilder cierra el plano sobre el rostro de los dos protagonistas. Walter se entrega a su destino sellándolo con un beso apasionado. Si en el anterior fundido en negro había algo de premonitorio, esta vez, cuando irrumpe oscureciendo a la pareja, viene cargado de funestas certezas.

## 6.2. Luces y sombras de John Seitz

Es difícil hablar del estilo visual en *Perdición* porque, como sucede con todo el Hollywood clásico, la tendencia era que este fuera discreto e imperceptible. No obstante, cuando Wilder imaginó la estética de su película, tuvo muy claro que debía ser realista, con unos cuantos trucos, pero no demasiados:

> La imagen que buscaba era la de *M.* [*el vampiro de Dusseldorf*]. Era una película que tenía el aire de un noticiario. Nunca se daba uno cuenta de que todo estaba preparado. Igual que sucede en un noticiario, uno aprovechaba un momento de realidad y lo explotaba" (Crowe, 1999: 209).

Su objetivo era, pues, alcanzar un grado de autenticidad que fuera el fruto de la delicada combinación, no exenta de tensiones y contradicciones, entre la crudeza del estilo de los documentales cinematográficos y una estética más refinada inspirada, al menos en parte, en el expresionismo alemán (Beach, 2015: 100). Preocupado por que la imagen de su film estuviera a la altura del guion y de sus diálogos, Wilder escogió a John Seitz, un curtido director de fotografía con el que ya había trabajado en *Cinco tumbas al Cairo*. A pesar de su veteranía –su carrera había comenzado en el cine mudo–, Seitz reunía dos condiciones que fueron providenciales para el diseño visual del film: era un operador dotado de una indiscutida pericia técnica y un profesional abierto a las sugerencias. Wilder reconoció que, en *Perdición,* Seitz "llegó al límite de lo que podía hacerse" (Sikov, 2000: 260) y consiguió, con ciertas dosis de creatividad, convertir a la vibrante y luminosa ciudad de Los Ángeles en un lugar sombrío y polvoriento, en el perfecto decorado para esta historia perversa e inmoral.

Con el diseño fotográfico de *Perdición* se inaugura un cierto naturalismo fotográfico que, en cierto modo, representa la quintaesencia del estilo *noir:* una iconografía visual que se identifica con una iluminación de alto contraste, más expresiva que expresionista, con la utilización de la cámara subjetiva y con planos de enfáticas composiciones y angulaciones. Para conseguir este estilo fotográfico, Seitz se benefició de ciertas innovaciones tecnológicas implementadas durante la primera mitad de la década –entre otras, la mayor sensibilidad de los negativos, las mejoras en los equipos de iluminación y la extensión del uso de lentes antirreflectantes– que permitían rodar en unas condiciones de luz impensables hasta ese momento. Pero esa sugerente oscuridad, tan característica del cine negro, fue también resultado del concurso de otros factores no menos importantes. Por paradójico que pueda resultar, el código Hays no siempre actuó como una fuerza castradora de la creatividad. Tratando de evitar sus mojigatas prohibiciones, los cineastas echaron mano de un variado repertorio de metáforas visuales donde las sombras jugaban un papel importante. Otro tanto habría que decir de las severas restricciones económicas que el gobierno federal impuso a las compañías cinematográficas mientras duró Segunda Guerra Mundial (Schatz, 1999: 144). Así, en muchas producciones, la escasez de medios y presupuestos se ocultaba con un juego de luces y sombras convenientemente distribuidas por el plató.

Desde un punto de vista estrictamente formal, el trabajo de John Seitz es memorable. Como otros grandes operadores del Hollywood clásico, él tenía claro que las imágenes debían estar al servició de la narración. En este sentido, su aproximación al guion es bastante clásica, tratando de crear una fotografía que, sin perder su calidad artística, satisficiera las ansias de realismo de Wilder, las necesidades de la trama y el glamur propio de la época. En *Perdición,* el equilibrio entre todos estos requerimientos es perfecto. Pudo haber optado por iluminar todas las secuencias de una manera práctica, con una luz poderosa y sin matices, y sin embargo decidió ir graduando la oscuridad, de menos a más, acrecentando su importancia a medida que se acercaba el desenlace de la historia. Si una parte sustancial de las escenas eran nocturnas o transcurrían en interiores sombríos y asfixiantes, Seitz actuó con coherencia e iluminó los espacios teniendo en cuenta las fuentes de luz disponibles. Si utilizó un efecto lumínico no fue de modo gratuito. En la secuencia decimonovena, por ejemplo, sobre las paredes del salón de los Dietrichson se proyectan las amenazadoras sombras de las persianas venecianas, pero aparecen porque esa escena la imagina Seitz a la luz de la luna llena. Para él, la cuestión esencial era encontrar la ambientación correcta para cada momento. Por este motivo, a medida que los personajes se ven arrastrados por su destino y la atmósfera se enrarece, el contraste entre luces y sombras es más acusado y es mucho mayor el espacio compositivo ocupado por la oscuridad.

Seitz, en ese sentido, pertenecía a la categoría de los grandes directores de fotografía. En su trabajo no se limitaba a ajustar la iluminación de escena en escena, sino que lo hacía cada vez que había un cambio de plano. Una prueba de su buen hacer lo podemos apreciar, por ejemplo, en la secuencia en la que Phyllis acude por primera vez al apartamento de Neff. Se trata de un momento crucial de la historia. Tras sufrir el rechazo inicial, Phyllis trata de seducir al agente de seguros y llevarlo a su terreno. El tono de la secuencia ideada por Wilder y Chandler es cambiante. En su arranque, Phyllis se muestra cándida y angelical; más tarde, revela sus verdaderas intenciones, para, después de una breve elipsis y un sugerido interludio amoroso, convertir a Walter en su cómplice. Lo interesante es cómo la fotografía de Seitz se anticipa y subraya cada uno de estos cambios de tono, integrándola plenamente en la narración. Al comienzo, cuando Phyllis defiende su inocencia en el salón, una luz brillante cae delicadamente sobre su rostro casi sin proyectar sombras. Después de besarse, se dirigen a la cocina, pero no encienden la luz, la conversación transcurre entre tinieblas. Walter ha caído en sus redes. Poco después, sentados uno frente al otro en el salón, Phyllis cambia momentáneamente de táctica, busca la compasión y describe con amargura la realidad de su matrimonio. Una lámpara de mesa que tiene junto a ella ilumina de nuevo su rostro, pero, cuando Neff se sienta a su lado en el sofá, se ve obligada a dar la espalda al foco de luz. Es entonces cuando, sin rodeos, admite sus verdaderas intenciones.

En la parte final de la secuencia, la situación ha cambiado; también el concepto de la iluminación. Han hecho el amor y las reticencias de Neff han desaparecido. Es ahora él quien aparece sumido en las sombras, meditabundo, maquinando el plan perfecto para asesinar al desgraciado Dietrichson. Iluminada por la tenue luz de una lámpara, Phyllis se maquilla despreocupadamente en el otro extremo del sofá. Ha alcanzado su objetivo. Walter ha caído en su trampa.

> Un director de fotografía menor hubiera resuelto con sombras toda la escena, siguiendo las rutinarias convenciones del melodrama. Sin embargo, fiel a su reputación, Seitz enfatiza los efectos expresivos ajustando su iluminación casi en todos los planos, en perfecta armonía con la progresión momento a momento de la secuencia (Keating, 2010: 251).

En cuanto a las angulaciones, Seitz tiende a mantenerlas a la altura de los ojos. Si utiliza los picados y contrapicados, por lo general lo hace para mostrar con claridad un espacio concreto (el patio central de la aseguradora), aunque algunos pueden estar determinados por la ubicación de los personajes dentro del campo de visión. Este tipo de puntos de vista enfáticos a veces enriquecen la puesta en escena: con el sugestivo plano subjetivo en contrapicado de Phyllis cubierta por una toalla blanca, no solo comunica la lúbrica fascinación que la mujer ha provocado en el protagonista, sino que esa diagonal también presagia su carácter dominante.

En *Perdición*, los *travellings* y panorámicas son muy abundantes y existen en todas las secuencias. En la mayoría de los casos, los movimientos están justificados por el ir y venir de un personaje o, como sucede con los reencuadres, para mantener esa centralidad compositiva tan querida por el clasicismo. En contadas ocasiones, la cámara realiza un movimiento con una motivación claramente expresiva. Esto ocurre, por ejemplo, cuando Phyllis visita a Neff en su apartamento para seducirlo. Cuando están abrazados en el sofá y se recupera en *off* la voz de Neff, la cámara inicia un lento y pudoroso *travelling* de alejamiento para, con un encadenado, regresar al despacho donde el agente está confesándose ante un dictáfono. La cámara se acerca hasta él, para después de unos minutos volver a alejarse y, con un nuevo fundido, regresar junto a los amantes. Con esta sutil coreografía, Wilder crea una magistral síntesis narrativa que sugiere que entre Neff y Phyllis ha habido algo más que un simple abrazo. Otra buena muestra de este uso lo encontramos al final del segundo encuentro de la pareja en el supermercado: la conversación es tensa, Neff quiere abandonarlo todo, pero Phyllis le amenaza con hacer recaer sobre él toda la responsabilidad por la muerte de su marido, y sin más palabras abandona el plano, lo deja allí, solo, entre los anaqueles, ensimismado. Es el momento en el que, definitivamente, Neff se da cuenta de qué tipo de mujer tiene delante. Con un *travelling*, Wilder nos acerca hasta dejar el rostro de MacMurray casi en un primerísimo primer plano. Su cara de estupor es todo un poema.

## 6.3. Una música elocuente

Cuando Louis Lipstone, jefe del departamento musical de la Paramount, escuchó la banda sonora de Miklós Rózsa para *Perdición,* se llevó las manos a la cabeza. En su opinión era pomposa, disonante y envolvía el relato en una atmósfera de pesimismo y fatalidad que chocaba con los gustos musicales de la época. En aquellos años, la música cinematográfica transitaba por caminos más melódicos y gratos para el gran público. Podía expresar y describir, desde luego, pero no hacerse notar. Como sucedía con otros códigos fílmicos, la música debía adaptarse al argumento y pasar desapercibida. Para Lipstone, la obra de Rózsa era perfecta para ser interpretada en un local de prestigio y selecto como el Carnegie Hall de Nueva York o para ilustrar un documental bélico, pero era totalmente inadecuada para un film de ficción. Por fortuna, Billy Wilder lo tuvo claro: fue él quien había confiado en Rózsa y le había dado carta blanca para componer lo que quisiera. Por eso, cuando el ejecutivo lo hizo partícipe de sus objeciones, se limitó a mirarlo de arriba abajo para, a continuación, zanjar de raíz la cuestión con brusquedad: "Le sorprenderá saber que *a mí me encanta*. ¿Me ha entendido?" (Sikov, 2000: 265).

Satisfecho por el trabajo de Rózsa en *Cinco tumbas al Cairo*, Wilder no había dudado en encomendarle la música de *Perdición*. La sintonía entre ambos era total. A partir de un primer copión montado, Rózsa creó un fondo orquestal completo, poderoso y vibrante, que se ajustaba muy bien al estilo visual y emocional de Billy Wilder.

Es posible que, en aquellos años, las reservas de Lipstone estuvieran justificadas. Sin embargo, hoy en día su banda sonora no solo no resulta transgresora, sino que, lejos de apropiarse del espectáculo, discurre con armonía y sin estridencias, complementándose perfectamente con lo que está ocurriendo en la pantalla. El papel que cumple en el film es bastante convencional, y da la impresión de que Rózsa trató de crear una obra elocuente que, sin perder un toque personal, se ajustase a los requerimientos de la narración. Tampoco se trata de una música omnipresente, pues no se utiliza en todas sus secuencias ni en todos los momentos; aparece y desaparece, como un peculiar Guadiana musical, bien para describir una atmósfera, bien para remarcar la emoción de uno de los personajes, o bien para buscar una respuesta visceral y empática por parte del espectador. Es bastante usual que aparezca al comienzo y al final de una secuencia, y rara vez se solapa con los diálogos; lo más habitual es que durante las conversaciones no exista música, ni tampoco efectos de sonido, quizá porque en esos momentos lo prioritario es que las palabras sean perfectamente captadas por la audiencia.

En la composición de Rózsa destacan, por encima de otros, dos motivos musicales. En primer lugar, se encuentra el tema principal que, con una orquestación tensa, muy del gusto del compositor, suena durante los títulos de apertura mientras la silueta de un hombre avanza cojeando con muletas hacia el espectador. En este caso, la música remarca magistralmente el carácter fatalista de una figura que, además de identificarse tanto con Walter como con el hombre al que mata y por el que se hace pasar, también actúa como una clara personificación de un ineludible y, en este caso, luctuoso destino. Además de en los créditos, este tema se utiliza en otras cuatro ocasiones más a lo largo del film: en la primera secuencia, cuando Neff malherido entra en su despacho para dictar su confesión; cuando con el coche la pareja aparca en la estación de Glendale; mientras Walter arrastra a su víctima hasta las vías del tren, y, finalmente, en los últimos segundos de la cinta, cuando Keyes enciende una cerilla a su compañero.

El segundo tema se creó a partir de una sugerencia del propio Wilder. Para reflejar las maquinaciones de los amantes, el cineasta propuso la utilización de la sección de cuerda para componer un inquietante motivo musical, similar al que se escucha al comienzo de la *Sinfonía inacabada* de Shubert (Rózsa, 1989: 141). En la banda sonora va a irrumpir varias veces, casi siempre de forma breve y asociado fundamentalmente con el agente de seguros. En ciertos momentos se utiliza para resaltar su carácter ufano y arrogante, en otros para subrayar un estado de euforia o excitación. Así ocurre en la segunda secuencia, cuando Walter, después de ver a Phyllis envuelta en una toalla, es invitado a esperarla en el salón, o, más adelante, cuando en el interior de su coche abandona el hogar de los Dietrichson. Este enervante motivo musical también se hace notar, con la misma función, al final de la duodécima secuencia, justo cuando Keyes, seguido por un regocijado Neff, abandona el despacho del director de la aseguradora.

En la banda sonora de *Perdición* no solo se puede escuchar la música de Miklós Rózsa, también se incluyen otras dos composiciones de diferente naturaleza. Una de ellas se escucha cuando Neff y Lola, paseando por la colina de Santa Mónica, divisan a sus pies el Hollywood Bowl. En esa sala de conciertos, una orquesta interpreta curiosamente el primer movimiento de la sinfonía de Schubert. Wilder debía tener una especial querencia por esta obra, lo que le llevo a incluirla en este momento de la historia como, siguiendo la terminología propuesta por Casetti y Di Chio (1990: 99), una fuente diegética *onscreen*7. La segunda de esas composiciones suena en la trágica secuencia del tiroteo entre los amantes. Antes de suceder esto, y mientras conversan en la oscuridad, a través de las ventanas llega hasta el salón la versión instrumental de la canción *Tangerine*, una canción popular y de mucho éxito, cuya letra cuenta la historia de una mujer latinoamericana, apodada "Tangerine" ('mandarina', en castellano), a la que todas las mujeres envidian y todos los hombres desean. Su presencia aquí no es gratuita pues, de algún modo, su melodía envolvente alude directamente a la propia Phyllis. Tampoco parece casual la incomodidad que siente Walter al escucharla, y que trate de acallarla cerrando las ventanas dos veces. Detrás de este gesto, no solo existe cautela –Neff no quiere que los disparos puedan ser escuchados en el exterior–, también quiere silenciar, de un modo simbólico, todo lo que para él ha representado Phyllis.

Por desgracia, los espectadores que solo han disfrutado de este film en su versión doblada al castellano no han podido apreciar toda la riqueza del diseño musical y sonoro de *Perdición*. En el doblaje que se hizo en España para su estreno, se perdieron los matices y sutilezas del trabajo actoral, y se sustituyó de una forma arbitraria una parte sustancial de la obra de Rozsa por fragmentos musicales extemporáneos que, como cuerpos extraños, desvirtúan uno de los aspectos más importantes de cualquier experiencia cinematográfica.

## 6.4. Los espacios de un crimen

En términos escenográficos, Wilder también buscó un cierto grado de realismo: "Quería alejarme un poco de lo que solíamos describir en aquellos días como la decoración blanco satén asociada al di-

---

7 En el guion se contemplaba que la orquesta interpretara la sinfonía en Re menor de Cesar Franck (1822-1890).

rector escénico de la MGM, Cedric Gibbons" (Lally, 1998: 162). Esa mayor veracidad la buscó rodando en exteriores parte del film, una costumbre que en 1944 era todavía muy poco frecuente en el cine de Hollywood. Los grandes estudios rara vez se aventuraban más allá de los muros de sus instalaciones. El desarrollo de equipos de filmación más ligeros durante la Segunda Guerra Mundial, junto con las restricciones económicas impuestas por el gobierno en esos años, favoreció que filmar lejos de los platós se convirtiera en una opción rentable. No obstante, esta apuesta de Wilder no fue radical. Solo parte de algunas secuencias fueron rodadas en calles o avenidas muy concretas de Los Ángeles. En general, y salvo las escenas rodadas en la estación de trenes de Burbank –Glendale, en el film– y sus alrededores, estas vistas de la ciudad apenas duran unos segundos, casi siempre presentadas en plano general. El espectador intuye que se trata de Los Ángeles, y no de otra ciudad, más por el diálogo que por lo que muestran las propias imágenes. A excepción de las colinas de Hollywood, lugar donde se alza la vivienda de los Dietrichson, o del Hollywood Bowl –que es presentado mediante una transparencia–, en la mayoría de los casos es difícil identificar un entorno angelino concreto.

*Perdición* es, en buena medida, un producto híbrido. Wilder supo conjugar, con habilidad y sin que apenas se noten las costuras, la frescura inherente a las imágenes filmadas en exteriores con los tradicionales procedimientos de la industria cinematográfica. En ese sentido, todavía sigue siendo una película esencialmente de interiores, de decorados construidos en el Estudio. Para eso contó con la inestimable complicidad de Hans Dreier, director del departamento artístico de la Paramount, y de su fiel colaborador Hal Pereira, que fue en realidad el verdadero responsable final del diseño de los diferentes espacios de la película.

Afirma Schinckel (2006: 10) que la tragedia de Walter no es más que el drama de un hombre que abandona la luz del sol atraído por las sombras. Este tránsito desde la luz a la oscuridad, en el que la razón es derrotada por los instintos, Hal Pereira supo expresarlo muy bien con una serie de interiores "poco estridentes pero sugestivos, que parecen a la vez realistas y míticos" (Sikov, 2000: 260). La acción del film se desarrolla en cuatro espacios principales, espacios que comparten con la ciudad su naturaleza engañosa: las oficinas de la aseguradora, el supermercado, el apartamento del protagonista y la vivienda del matrimonio Dietrichson.

*A priori,* las dependencias de la aseguradora representan un mundo ordenado, regido por los números, las estadísticas y los balances. Ocupan los pisos undécimo y duodécimo del edificio. Este es el reino de Barton Keyes. Todas sus pesquisas se realizan desde allí: de hecho, solo sale del edificio en una ocasión para visitar el apartamento de su amigo. No se fía de las apariencias, es un hombre entregado en cuerpo y alma a su trabajo, disfruta desbaratando fraudes y estafas, piensa, reflexiona, saca sus propias conclusiones. Su despacho, como el de todos los demás ejecutivos y empleados de mayor rango, está en la planta superior, que, a través de una galería abierta, se abre sobre un enorme patio central. Desde el balcón se observan, en la planta baja, alineados en perfecta y milimétrica formación, hileras y más hileras de escritorios, flexos y máquinas de escribir. El estilo *art decó* subraya ese carácter geométrico, racional y controlado del espacio. Parece un lugar seguro, confortable y previsible, pero su aspecto es muy similar al de una cárcel. Habla de explotación e inhumanidad, de trabajo metódico y alienante. Su geométrica disposición hace inevitable emparentar este espacio con las oficinas donde trabaja el infortunado protagonista de *El apartamento.*

No menos turbadora es la función que cumple el supermercado. La popular cadena *Jerry's Market* tenía una de sus sucursales justo enfrente de las instalaciones de la Paramount. En algunos planos generales se puede observar su amplia fachada o el bullicio del tráfico y los peatones, pero todo su interior fue reconstruido en el Estudio. Es quizá el único decorado de *Perdición* que lo parece, que tiene algo de "vacío e irreal" (Sikov, 2000: 261). De todos los espacios típicos del cine negro, quizá este supermercado sea el menos convencional. No parece el sitio más indicado para discutir los pormenores de un asesinato. Es un espacio que aspira al orden funcional y pragmático. Sin embargo, allí, entre estantes repletos de enlatados, productos de limpieza y otras mercaderías, la pareja criminal trata de pasar desapercibida. Con este gesto transgresor, Wilder corrompe el sentido original de este espacio cotidiano y familiar, convirtiéndolo en un lugar propicio para el crimen, transformación que alcanza su clímax más irónico y perverso cuando la conversación discurre entre potitos y cajas de alimentos para recién nacidos. De este modo, el supermercado adquiere unas connotaciones nuevas que confirman, pero al mismo tiempo funcionan como contraste, la actividad clandestina y criminal de los protagonistas (Sinyard y Turner, 1979: 269).

A Walter Neff se le comprende mejor cuando vemos donde vive. En su trabajo es un hombre de éxito, un empleado ejemplar y eficiente, ambicioso y seguro de sí mismo. De su vida personal, sin embargo, conocemos mucho menos. Bebe cerveza, ron y bourbon, conduce un Dogde cupé de 1935, está soltero y sin compromiso. Es un seductor experimentado, su interés por las mujeres es limitado y parece más propenso a la lujuria que al amor. Ocupa un apartamento en un edificio de cuatro plantas. Se trata de un escenario reducido, de diseño convencional, dotado, según el guion, "con cocina, un comedor diminuto y un cuarto de baño; y con muebles baratos e insípidos". La austeridad de su espacio más íntimo revela sus contradicciones. Su apartamento es un lugar de paso, para dormir y cenar algo frugalmente. Walter es un hombre solitario que vive por y para su trabajo y, sin embargo, su salario no le da para más. Quizá por eso es un personaje tan vulnerable. Un cebo envuelto en sexo y dinero es irresistible. Phyllis lo sabe: para engatusarlo le basta con contonear un botín de cien mil dólares entre las piernas. Y cuando lo hace, Walter cae arrastrado hasta el borde del precipicio, convencido de que puede hacer saltar la banca y salirse con la suya. Sin embargo, en las dos secuencias que transcurren en su apartamento (la quinta y la decimotercera), se demuestra todo lo contrario. En ambos casos, queda patente el poder que Phyllis ejerce sobre su amante. La primera vez, cuando ella aparece con mirada cándida e inocente pero ataviada con un ceñido jersey que marca todas sus formas, él titubea, se resiste un poco, pero al fin sucumbe a sus encantos y decide ayudarla en su crimen. En la segunda, el azar evita que Phyllis tropiece con Keyes. Walter está nervioso, duda, se siente acorralado. Una vez más Phyllis lo convence, lo seduce y consigue renovar con un beso su pacto de sangre.

Pero el escenario central de *Perdición* es, sin duda, la vivienda del matrimonio Dietrichson. Con un marido que le dobla la edad, Phyllis vive, como fiera enjaulada, ansiosa y desesperada, en una decadente casa unifamiliar de estilo colonial español –"de pacotilla", según se describe en el guion–, con balcones de hierro forjado, paramentos blancos estucados y cubiertas de rojas tejas árabes, situada en un vecindario de clase media venido a menos. La apariencia luminosa de su exterior contrasta con la decoración y el ambiente asfixiante de su interior. No es extraño que Cain, en su novela, la definiera como la "Casa de la Muerte". Cuando Walter aparca su automóvil junto a los garajes, el día en Los Ángeles es soleado y unos niños juegan al béisbol en la carretera; nada parece entonces presagiar el oscuro destino que lo aguarda. Sin embargo, esta sensación cambia en cuanto el protagonista se introduce en el vestíbulo. Una grácil escalera corcovea suavemente desde el primer piso. Un chal mexicano con flecos cuelga por encima del rellano. Hay un gran tapiz colgado de la pared. A través de un arco se divisa el salón. Los muebles, la decoración, la arquitectura tienen un sabor añejo, pasado de moda. Todo refleja el mal gusto del señor Dietrichson. Las cortinas están echadas, las contraventanas cerradas, la atmósfera es sofocante. A través de las persianas venecianas entra algo de claridad, la suficiente para iluminar las motas de polvo que, inmemoriales, flotan en el aire y crean sobre las paredes una amenazadora trama de luces y sombras oblicuas.

Wilder había dado indicaciones precisas a Pereira. Dado que, para él, Phyllis era un ama de casa desgraciada, quería unos interiores sosos, descuidados y faltos de gracia. Dentro de la vivienda, la pieza más importante es, sin duda, el salón. Esta estancia es la que más peso narrativo tiene en todo el film. En ella se desarrollan cuatro secuencias decisivas, que la convierten en un lugar de lujuria, traición y muerte. Es allí donde los lúbricos ojos de Neff chisporrotean, en dos ocasiones, ante las piernas de Phyllis; donde el señor Dietrichson, sin saberlo, firma el seguro de accidente, y es allí también donde la desdichada conjura concluye con el tiroteo entre los amantes. El recinto se presenta como una caverna –un arco escarzano lo separa del vestíbulo– mal iluminada, metáfora de la corrupción y la sordidez que, subrepticiamente, recorre a sus anchas el subsuelo de la ciudad. A medida que avanza el argumento, este espacio se va ensombreciendo para que, en medio de esa oscuridad, aflore la verdadera naturaleza de la pareja protagonista.

# 7. Interpretaciones en torno a *Perdición*

## 7.I. Retrato de una ciudad corrompida

Tanto la noche como los espacios urbanos son elementos característicos del cine negro. Salvo en contadas excepciones, sus tramas se desarrollan siempre en el marco de las ciudades contemporáneas americanas, que representan laberintos moralmente oscuros en los que sus habitantes deambulan desorientados. Esa misma arquitectura, que por el día simboliza el desarrollo y el progreso de la civilización, al caer el sol se convierte en estructuras amenazantes e inseguras. Ningún género como el *film noir* ha logrado plasmar con tanta efectividad esta visión contradictoria. Por extraño que parezca, en estos filmes es la sombra la que revela la verdad que se oculta, maquillada, por la luz del mediodía.

Hasta bien entrado el siglo XX, la benignidad del clima de Los Ángeles y la belleza de sus paisajes habían hecho del lugar una tierra de promisión, un paraíso de sol, naranjos, palmeras y viñedos. Pero esta idílica percepción cambió durante la posguerra, "cuando la ciudad dorada comenzó a describirse, coincidiendo con un estilo de vida que giraba en torno al automóvil, como una realidad llena de cortantes aristas" (Pavés, 2014: 204), y la ciudad de las estrellas se convirtió, junto con otras grandes urbes americanas como Nueva York y San Francisco, en escenario privilegiado para el cine negro, donde el marco urbano ya no funcionaba como un mero telón de fondo, sino como uno más de los protagonistas.

Fue *Perdición* una de las primeras películas del género negro en proyectar una mirada distinta sobre Los Ángeles. Frente a la tópica imagen burbujeante, ligera y caprichosa de Los Ángeles, Billy Wilder dinamitó este estereotipo tradicional colocando a su protagonista en una ciudad impostada, con doble faz, en apariencia luminosa, alegre y despreocupada; en realidad, despiadada, inmoral y oportunista.

Esta agria visión era compartida por el propio Raymond Chandler, que ya en algunas de sus novelas había descrito Los Ángeles como una ciudad "no peor que las otras, una ciudad rica, vigorosa y llena de orgullo; una ciudad perdida, golpeada y llena de vacuidad" (Chandler, 1981: 323). Aquella urbe suscitaba en el novelista sentimientos contradictorios.

En buena medida, el guion de *Perdición* participaba de esta mirada y colocaba a los vecinos de Los Ángeles frente a un espejo que les devolvía la imagen más oscura y corrupta de su ciudad, una visión que Wilder repitió en *El crepúsculo de los dioses* y que, como un eco insistente, reverberó en otras películas negras coetáneas y en una parte importante de la producción de corte criminal contemporánea. Baste recordar títulos como *Chinatown* (Roman Polanski, 1975), *Adiós, Muñeca* (*Farewell My Lovely*, Dick Richards, 1975), *La brigada del sombrero* (*Mulholland Falls*, Lee Tamahori, 1996), *L.A. Confidential* (Curtis Hanson, 1997), *Trainining Day* (David Fuqua, 2001), *Collateral* (Michael Mann, 2004), *La dalia negra* (*Black Dahlia*, Brian de Palma, 2006), *Hollywoodland* (Allen Coulter, 2006) o *Drive* (Nicholas Winding Refn, 2011).

La acción del filme de Billy Wilder se sitúa en 1938. En aquel entonces la ciudad era ya la quinta más populosa del país, con más de un millón doscientos mil habitantes. Su trepidante crecimiento horizontal parecía imparable e imprescindible para dar acogida al constante flujo de personas que, golpeadas por la Gran Depresión, llegaban al sur de California con la vana esperanza de labrarse un futuro mejor. Muy pronto, todos aquellos inmigrantes, descolocados sociales, sin raíces, sin lazos familiares, se toparon con la dura realidad de un entorno deshumanizado y hostil. La gran metrópolis contemporánea, la ciudad del oropel y las apariencias, allí donde florecía la industria de los sueños, era un monstruo que devoraba a sus hijos, condenándolos a la soledad y a la incomunicación. En el fondo, los tres protagonistas de este filme de Wilder no son más que unas víctimas de la ciudad. Cada uno a su manera, son seres solitarios, aislados. Phyllis, por ejemplo, vive enclaustrada en una casa, viviendo con un marido al que no ama y una hijastra que la odia. Neff y Keyes viven para y por su trabajo, no tienen vida social fuera de la oficina. Se entienden así mejor sus frustraciones, debilidades y desconfianzas.

Pero, además, el acelerado desarrollo urbanístico de la ciudad –que convirtió la llanura donde se asentaba en un inmenso conglomerado de autopistas, carreteras y bulevares– y los intereses de su potente industria petrolera (el marido de Phyllis es un directivo de una empresa del sector con yacimientos en Long Beach) hicieron del automóvil un artículo de primera necesidad para los angelinos. Desde entonces, el coche se convirtió para ellos no sólo en un medio de transporte imprescindible –sin él se hacían imposible los desplazamientos por su gigantesco territorio trazado en damero–, sino también un espacio de vida y de muerte. Por esta razón, no parece casual que sea, precisamente, la renovación de los seguros de los dos coches que posee el señor Dietrichson –un *La Salle* y un *Plymouth*–, lo que desencadene la tragedia en *Perdición*. Ni tampoco lo es que el crimen ideado por Phyllis y su cómplice se cometa en el interior de un automóvil en marcha.

## 7.2. Phyllis Dietrichson. Modelo de mujer fatal

Poco después de hacer fuego sobre Neff, Phyllis rodea con los brazos a su amante malherido y, totalmente entregada, le confiesa: "Nunca te he querido, Walter. Ni a ti ni a nadie. Estoy corrompida hasta el corazón. Te utilicé, tal y como has dicho. Eso es todo lo que significabas para mí... hasta hace un minuto, cuando no pude disparar por segunda vez. No creía que algo así pudiera pasarme a mí". De este modo, Phyllis se muestra por primera vez sin veladuras. Codiciosa y sibilina, en su podrido corazón no hay lugar para el amor. Sin embargo, en esta escena hay algo que chirría, algo que revela la naturaleza compleja y contradictoria del personaje de Phyllis. Así ocurre que, mientras la cámara capta su rostro en primer plano, la iluminación crea entre los amantes una atmosfera que es sombría, pero también íntima, casi romántica. En la oscuridad brillan suplicantes los ojos de la asesina, y el espectador, desconcertado, duda por unos segundos de su actitud, no sabe muy bien si condenarla o comprenderla, si sospechar de ella o darle una nueva oportunidad; no sabe a ciencia cierta si es sincera ahora que se confiesa enamorada o si, por el contrario, todo es una nueva estratagema para eludir su cercana muerte. Pero Walter lo tiene claro y, finalmente, inclina la balanza decidiendo por el público: "Lo siento, encanto. No me lo trago".

En muchos aspectos, el personaje de Phyllis Dietrichson es la perfecta encarnación de la mujer fatal, un arquetipo femenino inevitablemente asociado al *film noir*. Paradójicamente, al principio la actriz no se sintió muy cómoda. Hasta entonces había interpretado personajes humildes, obligados a hacer de todo para sobrevivir, "una rara mezcla de dureza y feminidad, anarquía y virtud" (Haskell, 1974: 197). Pero Phyllis era algo bien distinto. Para el cine negro norteamericano posterior, se constituyó como un sugerente modelo a seguir porque en su figura confluían algunos de los elementos más distintivos de este género: "ambigüedad, violencia y enfrentamiento a las normas" (Coma, 1990: 156).

No obstante, este tipo iconográfico no fue, ni algo exclusivo del cine negro, ni una creación cinematográfica original. Antes de su triunfante aparición en las pantallas, esta clase de mujer perversa ya había dejado una huella indeleble en el imaginario colectivo masculino a finales del siglo XIX. De los lienzos, los escenarios y las novelas, este mito femenino no tardó en pasar al cine, al principio bajo la denominación de *vamps*, seductoras antecesoras de las mujeres fatales del cine negro, menos ambiciosas que estas, pero no menos peligrosas, a las que encarnaron Theda Bara, Louise Brooks o, a principios del sonoro, Marlene Dietrich. Pero ¿por qué volvieron a emerger con tanta fuerza a mediados de los cuarenta? Sin duda el cine negro, por sus características visuales y argumentales, ofreció un medio propicio para el natural desenvolvimiento de estas mujeres. De alguna manera, el cine negro reflejó las fantasías y los miedos de una sociedad traumatizada por los horrores de una guerra que había revelado la auténtica naturaleza del ser humano. El ideal del sueño americano entró en crisis y se extendió un clima de ansiedad e incertidumbre, al que se añadió "otra dimensión psicológica: el temor a la mujer malvada, arrolladora con una chocante capacidad para humillar y castrar a sus hombres" (Farber, 1974: 9). Así, reelaborando el viejo mito decimonónico, con el mismo temor reverencial y la misma misoginia, el *film noir* ofreció una amplia galería de prototipos femeninos que manifestaban la perplejidad del varón americano frente al nuevo papel, mucho más autónomo e independiente, adquirido por sus compañeras.

La asesina protagonista de *Perdición* presenta ya unos rasgos psicológicos e iconográficos que se irán desarrollando con posterioridad. Como sus antecesoras decimonónicas, Phyllis es cruel y manipuladora, es una profesional de la mentira y del engaño, una mujer que destaca "por su capacidad de dominio, de incitación al mal, y su frialdad, que no le impedirá, sin embargo, poseer una fuerte sexualidad, en muchas ocasiones, lujuriosa y felina, es decir, animal" (Bornay, 1990: 115). Es consciente además de su indudable atractivo erótico, algo que se pone de relieve, tanto cuando se presenta ante Walter envuelta en una toalla, como cuando, con falso decoro, cubre sus piernas desnudas para evitar las concupiscentes miradas de su cándida víctima. Pero ella sabe lo que quiere y poco importa lo que tenga que hacer para conseguirlo. Si en el juego de la vida, la sociedad le ha repartido las peores cartas del montón, ella cuenta todavía con "un as en la manga: su cuerpo" (Crowther, 1988: 115). No es por casualidad que, como símbolo inequívoco de su sexualidad, la primera imagen que tenemos de muchas mujeres fatales del cine negro sea precisamente la de sus largas y hermosas piernas. Así lo hizo Wilder, pero también Edward Dmytryk con Velma en *Historia de un detective* (1944), Edwin L. Marin con Dolores en *Nocturno* (*Nocturne*, 1946) y Tay Garnett con Cora en *El cartero siempre llama dos veces* (*The Postman Always Rings Twice*, 1946).

Quizá porque bracea a contracorriente, la mujer fatal es también un ser independiente condenado a la soledad. Phyllis no es una mujer tradicional, de ahí que viva como una alimaña recluida en la casa-prisión de su marido, sin expectativas ni futuro. Wilder remarca su frustración y su doméstico enclaustramiento haciendo que se pasee de aquí para allá de forma constante. Phyllis apenas se relaciona con otros personajes que no sean el propio Walter. A su marido no lo soporta, de su hijastra desconfía, con Keyes no intercambia palabra más allá de un breve saludo, y con el director de la aseguradora mantiene una tensa conversación. En el fondo está sola y, poco antes de morir, un detalle nimio nos lo revela con claridad. En la oscuridad de su salón, cuando espera la llegada de su amante, decide fumarse un cigarrillo. El humo que se desprende de su boca funciona como provocación y advertencia. Es un elemento iconográfico que la separa de los otros arquetipos femeninos más virginales, es un signo de su modernidad. Pero, al contrario de lo que sucede entre Neff y su amigo, Phyllis no tiene a nadie que le ofrezca una cerilla encendida.

Existe, finalmente, un último rasgo de su personalidad: su desmedida ambición. Para Phyllis la seguridad de su confortable y apacible vida hogareña no es suficiente, necesita más y, cuando Walter le sugiere la posibilidad de doblar la indemnización de la póliza, un destello de indisimulada codicia cruza sus pupilas. En realidad, Phyllis se presenta como una versión corrupta del mito de la mujer fatal europea, aliada no solo con los poderes oscuros de la naturaleza, sino con "las fuerzas de color verde del capitalismo económico" (Haskell, 1974: 197).

El poder de esta mujer se expresa también a través del estilo visual del film. Esta *femme fatale* domina la composición, los puntos de vista, los movimientos e incluso la iluminación. Cuando irrumpe en la pantalla, la cámara parece sentir por ella la misma atracción que los personajes masculinos y, deslumbrada, la persigue allá donde va. El *travelling* que, subyugado, sigue sus pies mientras baja los peldaños de la escalera de su casa en el primer encuentro entre los amantes es una buena muestra de ello. Y, para recalcar el impacto que ese momento va a tener en su protagonista masculino, Wilder volverá a repetirlo un poco más adelante, en la cuarta secuencia. En ella la pareja se reencuentra para, en teoría, discutir los detalles del seguro de automóvil junto con el señor Dietrichson. Después se descubrirá que Phyllis está "casualmente" sola en casa. Lo interesante es que, para abrir esta secuencia en la que se va a poner en evidencia la tensión sexual que existe entre ambos, Wilder opta por volver a seguir con la cámara los pies de la esposa mientras baja la escalera. Ahora no calza zapatillas con pompón sino unos elegantes zapatos negros de tacón. De este modo tan imaginativo, se enlazan visualmente ambos momentos y se enfatiza el carácter sicalíptico que mueve a estos dos personajes: ella ofrece el cebo y él desea devorarlo. Dentro del plano, esta fascinación se traduce colocando a Phyllis casi siempre en un lugar preeminente y, normalmente, en el centro de la composición. Central es su posición, por ejemplo, en ese primer plano fijo que se mantiene sobre su rostro mientras, fuera de campo, Walter asesina a su víctima. También ocurre en el supermercado cuando, ante las dudas de su amante, Phyllis le advierte que no se atreva a abandonar el plan establecido y a dejarla en la estacada. Su rostro ocupa toda la pantalla, su gesto es severo, su mirada firme.

Por otra parte, Phyllis está arropada por toda una serie de atributos iconográficos muy característicos de la mujer fatal. Su carga erótica se explicita a través del brazalete en el tobillo[8], pero también con un maquillaje ideado para llamar la atención hacia su pálido rostro, sus ojos de intensa mirada, sus labios perfectamente delineados y su refulgente cabellera.

Fue voluntad del propio Wilder caracterizar a Stanwyck con una llamativa y vulgar peluca rubia. Es este un aspecto de su iconografía que resulta engañoso. Al contrario que las morenas y las pelirrojas, hijas de la noche y los instintos, en la tradición decimonónica las rubias estaban asociadas con lo virginal y con la bondad. También tiene algo de trampantojo su vestuario que, en un primer momento, debía dar al espectador una imagen equívoca de la protagonista. Por esa razón, cuando aparece por primera vez, lo hace envuelta en una toalla blanca que la presenta como un ser angelical e inmaculado. Sin embargo, esta primera impresión no dura mucho. A medida que avanza la historia, su vestimenta ira revelando la verdadera naturaleza de sus intenciones, y, así, cuando su incauto marido firma la póliza, Phyllis opta, en un gesto de luto anticipado, por un vestido negro y ajustado. Como experta en el engaño, Phyllis también utiliza su indumentaria para camuflarse, como ocurre, por ejemplo, en la reunión que mantiene con el presidente de la aseguradora poco después del presunto accidente de su marido. Se trata de un momento crucial para todo el complot, pues de su interpretación depende la solidez de su coartada. Tocada con un sombrerito negro y con su rostro envuelto por un velo oscuro de crepé –elemento que tanto puede interpretarse como una señal de recato como, según señala Cirlot (1985: 457), la ocultación de ciertos aspectos de la verdad–, Phyllis actúa en todo momento como una viuda compungida por el "inesperado" golpe que le ha dado la vida. Su interpretación es tan efectiva que, de momento, logra disipar las sospechas, aunque existe un pequeño detalle en su atuendo que pone en evidencia toda su impostura: sus guantes negros, que son los mismos que utilizó la noche del asesinato y que, como una señal inequívoca, mantienen ocultas sus manos y también su culpa.

---

8 Durante las primeras décadas del siglo XX hubo la creencia, bastante extendida en EE. UU, que ligaba las tobilleras con el ejercicio de la prostitución. Aunque no existe ninguna evidencia que confirme esta relación, lo cierto es que muchas madres entonces desaconsejaban el uso de este tipo de alhajas a sus hijas para evitar confusiones.

Además del vestuario, se asocian al personaje otros objetos que, como el espejo y las gafas negras, subrayan su ambigüedad moral. En el cine negro fue muy usual la utilización del reflejo en ventanas y espejos para expresar la peligrosa naturaleza de estas féminas. Ese carácter dual de la *femme fatale*, Orson Welles lo expresó elocuentemente en la secuencia final de *La dama de Shanghai* (*Lady of Shanghai*, 1947). En *Perdición*, Wilder utiliza el espejo para advertir al espectador, ya desde el primer encuentro entre los amantes, de que algo inquietante se oculta tras esta mujer. No es casual que el primer gesto de Phyllis tras bajar las escaleras sea el de acercarse hasta un espejo para, con indisimulado coqueteo, acicalarse y pintarse los labios. Su estrategia de seducción ha comenzado y, en el plano que compone, Wilder nos muestra durante unos segundos a Phyllis y a su reflejo y, en segundo término, a Walter Neff, que asiste a este despliegue de encantos con expresión embobada y sonriente. El espejo se convierte así en un instrumento al servicio de la verdad y, con la duplicación de Phyllis en un mismo plano, se advierte con sutileza al público que se encuentra ante una figura poca fiable.

Las gafas negras también cumplen un papel narrativo relevante. Phyllis las lleva en la segunda ocasión en que los amantes se reúnen en el supermercado. Neff se siente arrinconado. Keyes está cada vez más cerca de la verdad. La conversación entre los asesinos es tensa, se cruzan los reproches y la escena revela la debilidad de los lazos que los unen. Durante toda la discusión, los ojos de Phyllis se parapetan tras sus gafas de sol, y solo se desprende de ellas al final, cuando le aclara que están condenados a seguir juntos hasta el final del trayecto. La secuencia acaba con un primer plano del rostro sorprendido de Walter que acaba de descubrir la trampa que se la ha tendido.

La agresividad es, por último, otro aspecto caracterizador de la mujer fatal en el cine negro, una agresividad que se ponía de manifiesto a través de la utilización de las armas, habitualmente pistolas. La mujer fatal asesina mata por la espalda a sus víctimas sin remordimientos –Phyllis aprovecha que Walter está cerrando las cortinas para dispararle– y, de alguna manera, estos instrumentos de muerte vienen a constituir, más que cualquier otro, "un símbolo de su poder fálico antinatura" (Place, 1980: 45).

# 8. Apéndices

## 8.I. De la novela al cine

La adaptación de la novela no fue una tarea fácil por la tormentosa relación que hubo entre el cineasta y Raymond Chandler y porque la espléndida obra de Cain, tal y como había sido escrita, era infilmable, exudaba "un aire de decadencia que era más literaria que cinematográfica" (Dick, 1996: 43). Había que eliminar todo lo superfluo y retener lo esencial. Algunos cambios fueron sencillos e inmediatos. Para evitar futuras reclamaciones y demandas, los apellidos de Walter y Phyllis pasaron de Huff y Nirdlinger a Neff y Dietrichson. Hasta que los asesinos depositan el cadáver del marido en las vías del tren para sugerir un accidente, el film es bastante fiel al original. A partir de ahí, la novela se complica con una retorcida trama en la cual Phyllis seduce también a Nino, Walter intenta acabar con la vida de su rival en el Parque Griffith, y Lola y su novio se convierten en los principales sospechosos del asesinato de su propio padre.

Otro de los escollos que presentaba la novela, como ya se explicó en el epígrafe 2.2, era el desenlace imaginado por Cain. De entrada, contaba con el rechazo frontal de la Oficina Hays, que lo calificaba como inadmisible, pero tampoco los guionistas estaban muy seguros de que aquel "romántico" y operístico final no fuera a provocar las carcajadas de los espectadores. Wilder y Chandler se pusieron manos a la obra y, no sin dificultades, consiguieron crear un final que el propio Cain consideró "mucho más sutil y logrado que el mío" (Karasek, 1993: 212).

Hubo también desavenencias con respecto a los diálogos: Wilder quería conservar el tono entrecortado y naturalista que tenían en la novela; en cambio, Chandler insistió en que había que reescribirlos palabra por palabra (Lally, 1998: 157-158): "Están pensados para ser leídos, no para ser escuchados", objetaba el novelista. Para demostrar que tenía razón, el cineasta convocó a Cain a su despacho y pidió a tres actores que representaran algunas escenas en voz alta. Para su sorpresa, descubrió que aquello no funcionaba y tuvo que darle la razón a Chandler. Al final, después de meses de trabajo, los guionistas consiguieron dar a luz un texto original e incisivo en el que supieron conjugar "las hábiles descripciones de Chandler, el desarraigado *ethos* californiano de Cain, y la vigorosa capacidad de Wilder para contar historias" (Armstrong, 2004: 26).

Desde un punto de vista estructural, *Perdición* cuenta con algunos elementos originales. Lo habitual en aquella época era que los guiones estuviesen sostenidos por un armazón subyacente, de corte clásico, que se apoyaba en la existencia de los tres actos tradicionales: planteamiento, nudo y desenlace. En ese sentido, en Hollywood se seguía a pies juntillas las "convenciones de la narrativa occidental sistematizadas y puestas en vigor ya por Aristóteles en su Poética" (Onaindia, 1996: 60). Una de las consecuencias de esta práctica fue que, durante casi todo el cine sonoro, prevalecieran las estructuras lineales, sobrias y comprensibles. Además de claridad narrativa, también se buscaba la implicación emocional de los espectadores con los personajes y con los derroteros del argumento. Debían sentir miedo, alegría, tristeza y melancolía: "Si en su visita a la sala cinematográfica el cliente no se sentía conmovido, la mayoría saldría del cine con la sensación de que no lo habían entretenido adecuadamente y de que había malgastado su dinero" (Jewell, 2007: 159-160). El guion se concebía, por tanto, como un perfecto engranaje en el que todas las piezas tenían su sitio y su función. Nada era trivial. Nada se dejaba al albur de la improvisación. Ningún aspecto técnico o narrativo debía romper el hechizo.

La estructura de *Perdición* debió resultar, en su momento, cuanto menos llamativa. Durante el período de entreguerras, los cineastas se habían mostrado poco inclinados a abandonar la linealidad imperante y la disposición cronológica de los acontecimientos. Cuando se enfrentaban a la adaptación de materiales literarios complejos, tendían a la reordenación de los diversos elementos de la trama para hacerlos más digeribles para el espectador. Así había sucedido, por ejemplo, con las adaptaciones de *El extraño caso del Dr. Jeckyll y Mr. Hyde* (Robert Louis Stevenson, 1886) o *Las uvas de la ira* (John Steinbeck, 1939). Sin embargo, *Perdición* presenta toda una serie de rasgos que, desde su estreno, fueron valorados como novedosos. El hecho de que comenzara y concluyera en el mismo espacio reforzaba el carácter circular de su estructura. Es cierto que algo parecido había intentado Orson Welles con *Ciudadano Kane*, aunque en ella su justificación narrativa era bien distinta. En el caso de *Perdición*, el origen de esta peculiar configuración estructural la encontramos en la propia novela. Frente al uso convencional de un narrador omnisciente, Cain había optado por una narración en primera persona. Al contar los hechos desde la perspectiva del protagonista, el escritor forzaba al lector a conocer sus motivaciones, sus deseos más íntimos y, por consiguiente, a identificarse con él. No obstante, la verdadera originalidad de la obra se encontraba en la propia identidad del narrador, pues Cain hizo de un asesino el personaje principal de su historia.

Wilder y Chandler optaron por una estrategia algo diferente, que transformó en esencia el sentido del texto original: trastocar el orden de los acontecimientos narrados y, como Welles en *Ciudadano Kane*, comenzar el relato por el final. Esto introdujo en el naciente cine negro "una técnica narrativa indisoluble de su prototipo genérico: la del protagonista-narrador que cuenta parte del relato en voz en *off* y en *flashbacks*" (Vandaele, 2015: 91).

La utilización de la voz en *off* será crucial, pues subrayaba la ironía y distancia entre lo que un personaje cree y lo que ha ocurrido realmente (Happ, 2003: 52). Es un recurso que, de un modo reiterado, aparece salpicando casi toda la filmografía de Wilder, desde *El crepúsculo de los dioses* y *Traidor en el infierno*, hasta *La tentación vive arriba*, *El apartamento* o *Fedora*. *En Perdición*, los comentarios de Walter Neff, a veces dotados de un agrio y sardónico lirismo, sirven de puente entre los distintos *flashbacks* que suceden a lo largo del metraje. En ese constante ir y venir entre el pasado y el presente, los monólogos del protagonista actúan como un anclaje para evitar que el espectador pueda sentirse desorientado o perdido. Además, para justificar narrativamente la utilización de la voz en *off* sin que resultase algo forzado, los guionistas interpretaron el film como un largo informe de oficina: un memorándum requiere una fecha, y así nos la ofrece Neff (16 de julio 1938); pero también demanda una serie de detalles personales concretos como la edad (35 años), estado civil (soltero) y señales identificativas ("sin cicatrices visibles, al menos, no por ahora"). De este modo, Wilder hizo del inicio del memorándum un verdadero prólogo que le ofrecía al público toda la información que necesitaba sin una prolija exposición y de una manera natural. Para el cineasta, la voz en *off* era un recurso legítimo siempre y cuando encontrara su plena justificación en el relato. En su opinión, *Perdición* era un caso modélico porque, al confesarse ante el dictáfono, al asesino se le daba una última oportunidad para lavar su conciencia y hacer, por una vez, algo decente.

Este peculiar planteamiento narrativo trajo consigo otras consecuencias que serían decisivas para el cine negro posterior. Hasta ese momento, el género criminal había seguido los pasos de la novela policial más académica, donde toda la atención estaba concentrada en la resolución de un enigma. En este tipo de literatura popular, un individuo con cualidades deductivas sobrehumanas debía resolver un misterio y desvelar la identidad del asesino en el último acto de la trama. En *Perdición* se rompe de raíz con esta tradición porque, desde su arranque, se conoce al culpable, y además se intuye que su destino está marcado: "Lo hice por el dinero y por una mujer", confiesa. "Y no conseguí ni el dinero, ni a la mujer", apostilla con amargura. De este modo, Walter es un "héroe" moralmente débil que, arrastrado por su codicia, lujuria y vanidad, no puede evitar caer en el abismo. Pese a su arrogancia, Neff es un ser vulnerable y superficial, instintivo más que racional. Cuando, al comienzo de la película, decide visitar la casa de los Dietrichson, lo hace dejándose llevar por un impulso. Aunque él no lo sabe, el azar lo ha colocado allí para probar su fortaleza y, en muy pocos minutos, con la pulserita que lleva Phyllis en uno de sus tobillos, queda clara su fragilidad.

Sobre el film, por tanto, sobrevuela cierto pesimismo que va a ser una tónica dominante del cine negro americano: la idea de que el ser humano y sus actos están sometidos a fuerzas desconocidas e incontrolables. Esta concepción del destino se ilustra muy bien por medio de una comparación recurrente que utilizan tanto los amantes asesinos como su perseguidor. La imagen retórica de un tranvía aparece con frecuencia en sus conversaciones como símbolo del compromiso que los amantes han adquirido. Neff es el primero en utilizar esta comparación. Mientras planean juntos el asesinato, le advierte a su seductora compañera: "Tiene que ser perfecto, ¿entiendes? Hasta el final del camino". Más adelante, será Phyllis quien, al descubrir que Neff quiere abandonarlo todo, le recuerda su pacto utilizando de nuevo la metáfora: "Nadie va a retirarse. Nos metimos en esto juntos, y vamos a seguir juntos hasta el final. Tiene que ser hasta el final para los dos".

Cuando Keyes, sin saber todavía que tiene delante al asesino, le cuenta a Nef su teoría de lo que ocurrió realmente, le dice: "Han cometido un asesinato y eso no es como subirse juntos a un tranvía en el que cada uno puede bajarse en una parada distinta. Están atados el uno al otro. Tienen que seguir en el tranvía hasta el final del trayecto. Y es un viaje sin retorno, y la última parada es el cementerio". Estas palabras de Keyes resuenan en la pantalla como una sentencia de muerte.

Este tono fatalista afectó también a otra habitual convención del cine clásico: el *happy ending*. En las películas de Hollwood, el héroe podía enfrentarse a los retos más inverosímiles y luchar contra los villanos más abyectos y crueles, pero toda la audiencia sabía que, antes de que apareciera el rótulo final, el protagonista habría alcanzado todos sus objetivos, triunfaría el amor y se habría restaurado el orden preestablecido. Esta simplista lógica narrativa, Wilder la hizo saltar por los aires. En apariencia, en el desenlace de *Perdición* la pareja rinde cuentas por sus delitos. Con ello se satisfacían las exigencias de los censores que, de otra manera, hubieran vetado la producción. El código Hays, contrariamente a lo que se piensa, no prohibía la representación del delito, siempre y cuando quedase claro al final que el crimen nunca reportaba beneficios. Es lo que, en la jerga de la época, se denominaba "valores morales compensatorios". Esto es lo que ocurre en la conclusión del film: Phyllis muere a manos de su amante y Walter, herido por ella, espera junto a su amigo la llegada de la ambulancia y de la justicia. Este desenlace debió ser, en el momento de su estreno, enormemente desconcertante: la justicia había triunfado, pero a costa de un personaje con el que, de una forma sutil, malévola y astuta, el guion había empatizado. Este es, sin duda, otro más de los puntos fuertes de un guion que, pese a sus desacuerdos y desencuentros, lograron pergeñar con brillantez este tándem insólito formando por Raymond Chandler y Billy Wilder.

## 8.2. Smoke gets in your eyes. El otro final

En la novela, la pareja acababa con su vida arrojándose por la borda de un barco. Sin embargo, Wilder y Chandler buscaban para sus protagonistas un desenlace diferente, menos romántico. Para Phyllis ya tenían reservada una muerte a manos de su propio amante, pero para Walter necesitaban algo más gráfico, algo contundente para levantar el veto de la Oficina Hays. Idearon entonces una secuencia final donde Walter, después de derrumbarse ante Keyes en el vestíbulo de la oficina, era detenido, condenado y ejecutado sin misericordia en la cámara de gas de San Quintín. Quiso el cineasta que esta escena tuviera la mayor autenticidad posible. Si había que rodar en un decorado construido en el estudio, este debía ser una réplica exacta del recinto existente en la popular penitenciaría. Para documentarse, varios miembros del equipo (entre otros, Wilder, Chandler y el productor Sistrom) se trasladaron a principios de julio de 1943 hasta San Francisco para visitar las instalaciones de la prisión y entrevistarse con su alcaide Clinton T. Duffy. En su viaje hicieron acopio de toda la información necesaria para poder reproducir en el plató, con todo lujo de detalle, el lugar del gaseado, y describir la ejecución de un modo minucioso. En el presupuesto se consignaron un total de 15.000 dólares para la construcción específica de este decorado –7.100 para la cámara de gas y el espacio de los espectadores, y 7.900 para el corredor de la muerte–, y se sabe que, de hecho, Wilder filmó durante tres jornadas –del 17 al 19 de noviembre de 1943– la secuencia en la que el protagonista moría en la cámara de gas. Aunque la secuencia formó parte de los primeros montajes, desapareció de forma sorpresiva a mediados de diciembre, poco antes de que los censores dieran su aprobación definitiva[9].

9 Curiosamente, muchos años después, Billy Wilder confesaría que aquella secuencia era una de las dos mejores que había rodado en toda su carrera. La segunda era el prólogo ideado para *El crepúsculo de los dioses* (Naremore, 1998: 81) y que también fue descartado. Originalmente el film debía comenzar con una esperpéntica conversación entre los cadáveres de una morgue. Durante el preestreno, las carcajadas del público convencieron al director de que, si quería evitar que el film se confundiera con una comedia, era mejor eliminarla.

Aunque, de momento, la escena está perdida, se puede recrear a partir del guion fechado el 25 de septiembre de 1943. En esta versión, el film no acababa con esa peculiar *pietà* donde Keyes, con gesto compasivo, enciende un último cigarrillo a su amigo moribundo; Walter se limitaba a buscar a tientas un pañuelo en su bolsillo, secarse la cara y hacer a su compañero un último ruego: "Al final de ese... trayecto de tranvía... justo cuando vaya a bajarme... tú estarás ahí... para decirme adiós... ¿lo harás, Keyes?". A continuación, con un fundido en negro, la narración se trasladaba a la sala de testigos en la cámara de gas de San Quintín.

El recinto se presentaba vacío hasta que un guardia permitía la entrada de un grupo de periodistas, varios guardias, el verdugo, dos médicos, un pastor y el alcaide. Caminando entre ellos se distinguía la figura de Barton Keyes. Poco después entraba Walter en la cámara de gas, descalzo, vestido con una camisa blanca con el cuello abierto y unos pantalones vaqueros azules. Mientras lo ataban a la silla, Neff todavía tenía tiempo para escrutar la habitación en busca de Keyes y hacerle un rápido gesto de reconocimiento con la cabeza.

Para crear una atmósfera de creciente tensión, el guion se recreaba en detalles estremecedores. La ejecución se representaba como un procedimiento preciso e implacable, como si el realizador hubiera querido equiparar la cámara de gas a un aséptico matadero donde, con fría y mecánica eficiencia, se ejecutan sentencias de muerte. Leyendo las páginas escritas por Chandler y Wilder, se puede imaginar el montaje de esta secuencia, donde se sucederían los planos del verdugo girando la gran rueda para cerrar herméticamente la cámara, del médico escuchando con estetoscopio los latidos del reo desde el otro lado del cristal, de una tableta de cianuro cayendo en un cubo lleno de ácido y liberando el gas mortal, y del guarda, reloj en mano, esperando testificar la hora exacta de la muerte. Pero quizá lo más impactante es que, en un momento determinado, cuando el gas comenzaba a invadir el recinto, la cámara debía colocarse por encima de la cabeza del condenado, adoptando casi un punto de vista subjetivo, mirando hacia el grupo que, con Keyes en el centro, asistía a la macabra ceremonia. Poco a poco, el gas debía ir invadiendo la escena, interponiéndose entre el objetivo y los testigos. Keyes entonces, conmovido, apartaba la vista. Con sutileza, sin detalles cruentos o morbosos, la narración obligaba a los espectadores a identificarse de nuevo con Neff y lamentar su suerte, al tiempo que traducía en potentes imágenes una crítica ostensible a los supuestos adelantos de la modernidad. Pero, también, este final alternativo dotaba de mayor complejidad y matices al personaje de Barton Keyes. Durante todo el film, actúa como la encarnación de la verdad, la justicia y la ley; sin embargo, en esta secuencia, cuando no tiene más remedio que enfrentarse cara a cara y con toda su crudeza al verdadero "final de la línea", avergonzado prefiere mirar para otro lado y rehuir el espectáculo. Keyes toma conciencia en ese momento de la inconsistencia de sus convicciones y se convierte en un hombre que, en la victoria y paradójicamente solo, se siente hundido y derrotado.

Esta imagen vulnerable del personaje se reforzaba en la última parte de la secuencia. Después de la ejecución, los testigos abandonaban lentamente la sala. Algunos todavía tenían tiempo para detenerse ante las ventanas para echarle un último vistazo al cuerpo sin vida de Walter. Keyes, sin embargo, no reaccionaba, permanecía mudo, inmóvil y conmocionado, hasta que un guarda, tocándole el brazo, le indicaba que tenía que marcharse. El último plano se desarrollaba en el pasillo exterior de la cámara de gas. Keyes salía al oscuro y estrecho corredor, caminando lentamente, como un anciano. De una forma mecánica se sacaba un puro del chaleco y, en un gesto ya familiar, comenzaba a palparse los bolsillos en busca de cerillas. De pronto, con una expresión de horror dibujada en su rostro, se detenía en seco. Rígido, apretaba una mano contra su corazón. Se sacaba el puro de la boca y emprendía su camino hasta la puerta de la prisión. Cuando un guarda la abría de par en par, Keyes salía "despacio a la luz del sol, caminando envarado, con la cabeza gacha. Un hombre triste y solitario".

A lo largo de su dilatada vida, el cineasta tuvo la oportunidad de explicar –y fabular un poco– las verdaderas razones que lo movieron a tomar tan drástica decisión. Si nos atenemos a su versión, una vez que tuvo montada la secuencia, él, por sí solo, se dio cuenta de que aquel final no funcionaba por varias razones. Duraba demasiado –según él, casi veinte minutos– y suponía un anticlímax redundante e innecesario. A su juicio, el público ya sabía que aquel hombre iba a pagar por lo que había hecho: había confesado y no era necesario subrayarlo de una manera tan burda. Fue entonces cuando, pese a la oposición de Chandler, optó por extirparla: "Estaba muy orgulloso de aquella escena, pero no hay nada que te pueda hacer sentir más orgulloso que la brevedad" (Lally, 1998: 164).

Sin embargo, las fuentes matizan la versión de Wilder. Parece improbable y exagerado, en primer lugar, que lo rodado tuviera una duración de veinte minutos. En el guion, la secuencia de la cámara de gas no llegaba a ocupar cuatro páginas y en ellas se encadenaban una serie de acciones muy breves que incluían una escueta línea de diálogo. Por tanto, parece poco creíble que fuera su excesivo metraje motivo suficiente para desecharla. La documentación sugiere que la escena fue suprimida para acomodarse a los requerimientos del código de censura. De no haberlo hecho, la Paramount nunca hubiera obtenido el permiso para su exhibición, y la carrera comercial del film se hubiera visto en peligro. Como ya se ha indicado –ver epígrafe 2.2–, desde sus inicios la producción había suscitado el recelo por parte de los censores. Estos habían advertido al estudio que una escena tan desagradable como aquella nunca obtendría su visto bueno. Bien estaba que el protagonista fuese castigado por sus crímenes, pero hacer una descripción tan detallada de la ejecución era ir demasiado lejos. El criterio de los censores prevaleció y la secuencia fue eliminada. Wilder nunca quiso reconocer que había cedido ante Breen. Le gustase o no, con el desenlace actual se plegó, por miedo o por cautela, a las exigencias de la censura y ofreció al público "un entretenimiento más ligero que el original y un producto más digerible para el mercado de Hollywood" (Naremore, 1998: 94-95).

Las cuatro fotografías de este final alternativo han sido cedidas por cortesía de la Academia de Artes y Ciencias Cinematográficas de Hollywood

## 8.3. El legado de Perdición

Si *Perdición* sigue todavía hoy fascinando, no es solo por el trabajo de adaptación que convirtió el argumento de la novela en un guion de complejo andamiaje, rico en punzantes diálogos y dotado de un ritmo de tintes jazzísticos, sino también porque Wilder supo orquestar la brillante interpretación de su reparto con una puesta en escena envolvente, dotada de una imaginería rica y sugestiva (Schickel, 2006: 9-12). Otros autores sostienen que una parte del oscuro placer que proporciona el film procede de ver, por una parte, "cómo MacMurray urde lo que él y Stanwyck creen que será un gran engaño; por otra parte, de presenciar cómo su intento de «engañar a la casa» se viene abajo ante sus narices" (Happ, 2003: 48). Otros piensan que en *Perdición* se utiliza la fórmula básica detectivesca para trascender su propio género y denunciar las peligrosas y soterradas tendencias que pueden empujar fácilmente a los EE.UU. a la desintegración social o, incluso, al fascismo.

> *Perdición* como un filme acerca del sexo y el dinero, es decepcionante, como la historia de la rivalidad entre dos hombres que mantienen una relación paternofilial subrogada, es algo más interesante. Sin embargo, como un filme de su tiempo que ofreció una vista momentánea del lado oscuro de Norteamérica –proyectada en un momento en el que cualquier crítica al modo de vida americano estaba fuera de toda cuestión–, *Perdición* fue un filme importante para su época, pero también lo es para la nuestra (Prigozy, 1984: 161).

En cualquier caso, es indudable que el film, desde su estreno, tuvo un impacto decisivo. Aprovechándose de su éxito, por ejemplo, una pequeña compañía, la PRC, produjo *Apology for Murder* (Sam Newfield, 1945). Protagonizada por Ann Savage y Hugh Beaumont, era una copia barata, pura serie B, de *Perdición*. Con algunas pocas modificaciones, la cinta se apropiaba de la estructura básica de su argumento. En su trama existe una atractiva ama de casa que vive subyugada por un marido cicatero y mucho mayor que ella, y también una víctima –aquí un intrépido periodista– que mantiene una relación especial con el experimentado e intuitivo director de su periódico. No satisfecho con esto, el guion calcaba, sin sonrojo, algunos de los momentos más conocidos del film de Wilder –el primer encuentro entre los protagonistas, las visitas nocturnas al apartamento del incauto soltero, la mujer fatal que se oculta tras una puerta para evitar ser descubierta, el testigo inoportuno o el tiroteo entre los amantes, entre otros muchos–, hasta el punto de provocar una extraña sensación de *déjà vu* fílmico que alcanza su momento más vergonzoso cuando en su desenlace remeda casi punto por punto al de Billy Wilder.

Cuando *Apology for Murder* fue estrenada en septiembre de 1945, la crítica especializada advirtió los evidentes puntos en común que, a nivel técnico, de argumento y caracterización, tenía con *Perdición*. "Incluso si fuera buena" escribía el crítico anónimo de *The Hollywood Reporter*, "sería difícil a cualquier crítico obviar el hecho de que es, sencilla y llanamente, una mala imitación"[10]. No se trataba, pues de un *remake*, sino de un plagio cuya carrera comercial se frenó cuando la Paramount interpuso una demanda.

Para otros estudios, el éxito de *Perdición* tampoco pasó desapercibido y, muy pronto, comenzaron a producir filmes con argumentos parecidos. Para sorpresa de todos, la muy conservadora MGM adaptó otra controvertida obra de James M. Cain. Su primera novela, titulada *El cartero siempre llama dos veces,* había sido publicada en 1934. Como había ocurrido con *Pacto de sangre* –con la que tenía no pocos puntos en común–, la censura había bloqueado los intentos de trasladar su sórdida historia de crimen, violencia y adulterio a las pantallas de cine norteamericanas. Pero *Perdición* había entreabierto una puerta que otros también querían cruzar y, pese a algunas resistencias, la Metro consiguió estrenar su glamurosa versión en 1946.

Para desesperación de la Oficina Hays, *Perdición* sentó un precedente que, tanto en sus formas como en su contenido, iba a ser muy difícil de ignorar. El film puso de moda, por ejemplo, recursos narrativos que Hollywood, hasta entonces, recomendaba utilizar con prudencia. A partir de la cinta de Billy Wilder, el uso de la voz en *off* y de la narración en *flashback* se generalizó tanto que se convirtió en una de las señas de identidad del género negro. En este sentido, su influencia se puede rastrear en obras tan distintas como *Detour* (Edgar E. Ulmer, 1945), *Justa venganza* (*Raw Deal*, Anthony Mann, 1948), *Callejón sin salida* (*Dead Reckoning*, John Cromwell, 1948), *La fuerza del destino* (*Force of Evil*, Polonsky, 1948), *Secreto tras de la puerta* (*Secret Beyond the Door*, Fritz Lang, 1947) o *La viuda negra* (*Black Widow,* Nunnally Johnson, 1954).

10 Esta crítica sin firma se publicó en *The Hollywood Reporter* el 4 de septiembre de 1945. Consultada en la Margaret Herrick Library, Academia de Artes y Ciencias Cinematográficas, Beverly Hills (CA).

En el descarnado argumento ideado por Wilder y Chandler, otros cineastas encontraron un campo fértil donde cultivar el melodrama criminal y convertirlo en una de las vertientes más fructíferas del cine negro americano. En esta tipología del *film noir*, el crimen, la violencia y la corrupción no están presentes solo en las calles, no han quedado detenidos en los felpudos, sino también están agazapados en las alcobas. El hogar ya no es un refugio, tampoco es ya ese lugar ideal de afectos verdaderos. Es aquí donde el influjo de *Perdición*, a través de la figura de Phyllis, se proyecta con claridad sobre una galería de jóvenes codiciosas, insatisfechas y peligrosas –a menudo casadas con hombres mucho mayores que ellas– que, atrapadas en una relación opresiva, aparecen en obras coetáneas tales como *La dama de Shanghai*, *Gilda* (Charles Vidor, 1947), *La mujer en la playa* (*The Woman on the Beach*, Jean Renoir, 1947), *El abrazo de la muerte* (*Criss Cross*, Robert Siodmak, 1949), *Where Danger Lives* (John Farrow, 1950), *Niagara* (Henry Hathaway, 1953) o *Deseos Humanos* (*Human Desire*, Fritz Lang, 1954), pero también en *neonoirs* como *Fuego en el cuerpo* (*Body Heat*, Lawrence Kasdan, 1981), *El caso de la viuda negra* (*Black Widow*, Bob Rafelson, 1987), *El cuerpo del delito* (*Body of Evidence*, Uli Edel, 1993), *Análisis Final* (*Final Analysis*, Phil Joanou, 1992), *Luna de porcelana* (*China Moon*, John Bailey, 1994), *La última seducción* (*The last Seduction*, John Dahl, 1994), *Labios ardientes* (*Hot Spot*, Dennis Hopper, 1990) o *Giro al infierno* (*U-Turn*, Oliver Stone, 1997).

Quizá porque *Perdición* es uno de los títulos totémicos de la historia del cine mundial, pocos se han atrevido a versionarla de una forma clara y directa. Cuando Lawrence Kasdan presentó *Fuego en el cuerpo* en 1981, no pocos críticos se aprestaron a señalar las numerosas deudas –argumentales y estéticas– que su film tenía con el de Wilder. Pero el film de Kasdan parece más el fruto de un homenaje, más o menos encubierto, a una de las películas favoritas del director, que un auténtico *remake*. Existe, sin embargo, una, poco conocida y pintoresca versión de la historia, producida en Bollywood y estrenada bajo el título de *Jism* (Amit Saxena, 2003), que es una evidente revisitación en clave hindi. Con algunos aciertos visuales, una interpretación competente y el inevitable aditamento de varios números musicales, la trama de este film sigue con bastante fidelidad las líneas básicas del argumento original.

Curiosamente, en Estados Unidos solo se ha intentado una vez y no fue para la pantalla grande. En octubre de 1973, la cadena televisiva

ABC emitió un prescindible y mediocre *remake* de *Perdición* que, dirigido por Jack Smight, fue protagonizado por Richard Crenna, Lee J. Cobb y Samantha Eggar. El resultado final fue decepcionante. En esencia, la historia era la misma, pero avanzaba a trompicones, encadenando escenas a un ritmo frenético, mientras eliminaba de un modo arbitrario diálogos completos. La adaptación de Steven Boccho carecía de la mordacidad y la ironía del clásico. Si la fotografía era anodina, sin chispa ni vida propia, su realización era tan solo el triste remedo de la brillante puesta en escena ideada por Wilder. Tampoco ayudaba demasiado al conjunto la estética setentera de los espacios, peinados y vestuarios. Del trabajo del reparto actoral, casi mejor no hablar, pues ni siquiera el trabajo interpretativo del experimentado Lee J. Cobb, que encarnaba a Barton Keyes, lograba remontar el vuelo.

# 9. Equipo técnico y artístico

## 9.1. Billy Wilder, director y guionista

Fue, sin duda, uno de los grandes. Tuvo la habilidad de mostrar, desde dentro del sistema, el haz y el envés del sueño americano. Para Fernando Trueba era dios. Pero Wilder, como todos, tenía sus luces y sus sombras. Era un hombre cultivado y polifacético, diletante y coleccionista del arte de vanguardia. Amaba el béisbol, el whisky escocés, el baile y la música de Haydn, Sibelius e Irving Berlin. Sagaz e irónico, Wilder convirtió sus mordaces diálogos en una señal de identidad. Se decía de él que era temible en una discusión, su mente centelleaba y, en unos segundos, era capaz de desarmar a su oponente con un caustico e incisivo comentario. El actor William Holden, que conocía bien su corrosivo sentido del humor, dijo de él una vez que tenía una mente tapizada con hojillas de afeitar.

Samuel "Billy" Wilder nació en 1906 en Sucha, una pequeña localidad polaca que, en los albores del siglo XX, pertenecía al entonces tambaleante imperio austrohúngaro. Tras cursar un año de Derecho en la Universidad de Viena, inició su carrera como periodista deportivo en el diario *Die Stunde*. Más tarde, en 1927, se instaló en Berlín, donde trabajó como reportero en varias publicaciones sensacionalistas y comenzó a interesarse por el cine. En 1930 colaboró en el guion de *Gente en Domingo* (*Menschen am Sonntag*, Robert Siodmak). Con la llegada de Hitler al poder, tuvo que huir de Alemania y refugiarse en París. Su paso por la capital francesa fue breve, pero allí hizo su debut como director con *Curvas peligrosas* (*Mauvaise Graine,* 1934). Poco después marchó a Hollywood, donde no tardó mucho en entrar a formar parte de su industria como guionista. Su primer trabajo fue la adaptación para la Fox del musical *Música en el aire* (*Music in the Air*, Joy May, 1934). Pronto formó tándem con Charles Brackett. Juntos fueron responsables de deliciosas comedias tales como *Medianoche* (*Midnight*, 1939) y *Si no amaneciera* (*Hold Back the Dawn*, 1941) para Mitchel Leisen, *La octava esposa de Barbazul* (*Bluebeard's Eighth Wife*, 1938) y *Ninotchka* (*Ninotchka*, 1939) para Ernst Lubtisch, y *Bola de Fuego* (*Ball of Fire*, 1941) para Howard Hawks. La Paramount entonces le ofreció dirigir *El mayor y la menor*. *Perdición* fue su tercera obra. La cuarta, *Días sin huella*, le valió dos Óscar como guionista y director. *El crepúsculo de los dioses* representó su última colaboración con Brackett.

En los años siguientes siguió trabajando en equipo con diferentes guionistas y encadenando éxito tras éxito en las taquillas. En 1957 entró en su vida profesional I. A. L. Diamond. Con él, la carrera de Billy Wilder llegó a su madurez con una serie de comedias de tono agridulce y ritmo frenético entre las que se encuentran *Con faldas y a lo loco*, *El apartamento* e *Irma la Dulce*. El estreno de *Aquí un amigo* supuso, a su pesar, el colofón de una carrera llena de premios y reconocimientos. En sus últimos años se mantuvo activo, escribiendo, rememorando y quejoso de que nadie quisiera arriesgarse, por su avanzada edad, a producirle una nueva película. En 1985 el Instituto Americano del Cine le premió por toda su carrera, y en 1987 fue galardonado con el Irving G. Thalberg. Murió en su casa de Beverly Hills en 2002. En la lápida que corona su tumba se puede leer este sencillo y *wilderiano* epitafio: "Soy escritor, pero nadie es perfecto".

## 9.2. Raymond Chandler, coguionista

Para este escritor de relatos policiacos, creador del popular detective privado Philip Marlowe y responsable –junto con Dashiell Hammett y James M. Cain– de lo que hoy conocemos como *novela negra*, su actividad como guionista fue algo coyuntural y una cuestión de pura subsistencia. Su opinión sobre la industria del cine fue siempre pésima: "Personalmente pienso que Hollywood es veneno para cualquier escritor, una tumba para el talento". (Chandler, 2004: 33). Tampoco guardó un buen recuerdo de su trabajo con Wilder en el guion de *Perdición*, experiencia que calificó de agónica y que, según decía, le había restado años a su vida.

Debió ser Chandler un hombre sensible, huraño, no exento de amargura. Vivió, leyó y pensó mucho, pero también bebió todo lo que pudo y, en ese camino, pudo contemplar de cerca el oscuro abismo de la locura. Pese a su porte distinguido y su elegancia británica, en realidad nació en Chicago en 1888, hijo único de una humilde familia cuáquera. A su padre, ingeniero de ferrocarriles y alcohólico, apenas lo conoció. En 1895, el joven Chandler y su madre, ya divorciada, se instalaron en Irlanda. Siendo aún niño, lo enviaron a vivir a Londres con su abuela y a matricularse en el Dulwich College. Tras abandonar sus estudios y trabajar durante un tiempo a disgusto en el Almirantazgo británico, regresó solo a los Estados Unidos, donde trabajó como encordador de raquetas de tenis, recolector de fruta, dependiente y ayudante administrativo. En 1917 se alistó en un regimiento escocés para combatir en Europa. Al finalizar el conflicto, regresó a California, se casó con una exmodelo diecisiete años mayor que él, y se empleó en la floreciente industria del petróleo hasta que su afición a la bebida le hizo perder su trabajo. Fue entonces cuando empezó a escribir relatos criminales para revistas baratas.

Su gran oportunidad llegó en 1938, cuando el editor Alfred Knopf lo contrató para que escribiese la primera aventura de Marlowe, *El sueño eterno*. El éxito de su detective hizo que se convirtiera en el protagonista de sus seis restantes novelas. Pronto le llegaron ofertas desde los estudios, algunos interesados por la adaptación de sus historias, otros para que trabajase para ellos como guionista. Chandler y su personaje debutaron en el cine el mismo año, el primero adaptando, a cuatro manos con Wilder, la novela *Pacto de Sangre* de James M. Cain, el segundo adoptando la voz y la fisonomía del actor Dick Powell, en una producción de la RKO titulada *Historia de un detective*. Su última experiencia cinematográfica como guionista fue traumática. En 1950, él y Alfred Hitchcock colaboraron en la adaptación de *Extraños en un tren* de la joven promesa literaria Patricia Highsmith. Pero el cineasta y el escritor nunca llegaron a entenderse. Hitchcock fue muy duro con el guion, pensaba que Chandler alargaba las escenas sin necesidad y no manejaba los mecanismos fílmicos con habilidad. Para el novelista, el cineasta solo estaba interesado en jugar con la cámara y no en la verosimilitud de la historia: "Con el tiempo llegará a haber un tipo de director que comprenda que lo que se dice, y cómo se dice, es más importante que filmar cabeza abajo a través de una copa de champagne" (Chandler, 2004: 201).

Después de la muerte de su esposa, acaecida en 1954, Chandler retomó su afición a la bebida sumiéndose en un largo y oscuro duelo. Al borde de la depresión, intentó suicidarse en 1955. Tras una agitada vida, que él mismo no dudó en calificar como "más bien de desdichada", el novelista expiró en La Jolla en 1956.

## 9.3. John Seitz, director de fotografía

Cuando John Seitz (Chicago, 1892-Los Ángeles, 1979) se hizo cargo de la fotografía de *Perdición,* llegó con casi tres décadas de experiencia a sus espaldas. A lo largo de su dilatada carrera, fue testigo en primera persona de la evolución de la industria y del lenguaje cinematográfico desde los albores del cine mudo hasta la decadencia y muerte de los Grandes Estudios. Seitz trabajó en 161 largometrajes, colaborando con algunos de los directores más importantes de la época. Comenzó trabajando para la compañía Essenay como un modesto técnico de laboratorio, y debutó como director de fotografía con el corto *The Quagmire* (Tom Chatterton, 1916). Hasta la década de los 40 trabajó para la MGM, cimentando su prestigio como responsable de la fotografía de una docena de producciones dirigidas por Rex Ingram, entre las que destacan *Los cuatro jinetes del Apocalipsis* (*The Four Horsemen of the Apocalypse*, 1921), *Scaramouche* (1923) y *El prisionero de Zenda* (*The Prisoner of Zenda*, 1922). Coincidiendo con el estallido de la Segunda Guerra Mundial, Seitz pasó a trabajar para Paramount, donde coincidió, además de con Billy Wilder, con Preston Sturges, Frank Tuttle y Leo McCarey.

Pese a sus notables contribuciones, su obra ha sido poco valorada, ensombrecida quizá por la figura de su colega Gregg Toland. Sin embargo, Seitz desarrolló un estilo fotográfico muy personal –caracterizado por una iluminación dramática y expresiva, por sus atmósferas siniestras e inquietantes, y por su rara habilidad en la composición y uso de las sombras–, que tuvo una notable influencia en la estética del cine negro americano, un género al que ayudó a definir visualmente con los films de Wilder *Perdición*, *Días sin huella* o *El crepúsculo de los dioses*, y muchos otros títulos posteriores como *El cuervo* (*This Gun for Hire*, Frank Tuttle, 1942), *El reloj asesino* (*The Big Clock*, John Farrow, 1948), *Mil ojos tiene la noche* (*Night has a Thousand Eyes*, John Farrow, 1948), *Reto a la muerte* (*Appointment with Danger*, 1951) y *Brigada 21* (*Detective Story*, William Wyler, 1951).

## 9.4. Miklós Rózsa, compositor

Rózsa siempre consideró su trabajo musical para *Perdición* como un punto de inflexión. En su dilatada carrera, que se extendió a lo largo de casi cinco décadas, cultivó los más diversos géneros cinematográficos, colaboró con los cineastas más prestigiosos de su tiempo y fue premiado en tres ocasiones con un Óscar por la banda sonora de *Recuerda* (*Spellbound*, Alfred Hitchcock, 1945), *Doble Vida* (*A Double Life*, George Cukor, 1947) y *Ben-Hur* (William Wyler, 1959).

Miklós Rózsa (Budapest, 1907-Los Ángeles, 1995) sintió su vocación musical desde muy temprano. Ya a la edad de ocho años dio muestra de su destreza para tocar el violín, la viola y el piano. En 1925 se trasladó a Alemania para cursar Químicas en la Universidad de Leipzig, estudios que abandonó para matricularse en el Conservatorio de esa misma ciudad. En este centro aprendió composición con Hermann Grabner, y música coral con Karl Straube, absorbiendo la riqueza de la tradición sinfónica teutónica, que supo entreverar con la música popular húngara. Al concluir sus estudios se trasladó a París, donde presentó su *Serenata húngara*, una pieza que fue alabada por el mismísimo Richard Strauss, y poco después, en 1933, la exitosa obra titulada *Tema, variaciones y final Op. 13*. Un año más tarde, en Londres, entró en contacto con su compatriota y productor Alexander Korda, que entusiasmado con su música le invitó a participar en *La condesa Alexandra*

(*Knight Without Armour*, Jacques Feyder, 1937). Aquel fue el comienzo de una fructífera relación profesional que dio lugar a títulos como *Las cuatro plumas* (*Four Feathers*, Zoltan Korda, 1939) y a la primera versión sonora de *El ladrón de Bagdad* (*The Thief of Bagdag*, Ludwig Berger y Michael Powell, 1940).

Por su origen judío, los hermanos Korda y toda su compañía –incluido el propio Rózsa– se vieron obligados a emigrar a Estados Unidos al estallar la guerra. En Hollywood, Rózsa se independizó para trabajar para los Grandes Estudios. En la Paramount y para Billy Wilder compuso la banda sonora de *Cinco tumbas al Cairo*, *Perdición*, *Días sin huella* y *El crepúsculo de los dioses*. De entre todos los compositores europeos que trabajaron en la industria en aquellos años –Frank Waxman, Max Steiner, Bernard Hermann o Dimitri Tiomkin entre otros–, Rózsa destacó por la consistencia y calidad de su estilo, pero también por sus innovaciones. Fue él quien introdujo el theremin, uno de los más antiguos instrumentos electrónicos, en filmes como *Recuerda* o *La casa roja* (*The red house*, Delmer Daves, 1947). A finales de los cuarenta firmó un contrato en exclusiva con la Metro-Goldwyn-Mayer, y durante doce años compuso bandas sonoras para melodramas de Vincent Minelli como *Madame Bovary* (1949), westerns como *La ley de la horca* (*Tribute to a Bad Man*, Robert Wise, 1956) , thrillers como *La jungla de asfalto* (*The Asphalt Jungle*, John Huston, 1950) y filmes históricos tan conocidos como *Quo Vadis* (Mervyn LeRoy y Anthony Mann, 1951), *Ivanhoe* (Richard Thorpe, 1952) o *El Cid* (Anthony Mann, 1961).

Aunque la música para cine fue su principal medio de subsistencia, nunca dejó a un lado su faceta de compositor de sinfonías y de música de cámara. La última banda sonora que escribió fue para *Cliente muerto no paga* (*Dead Man Don't Wear Plaid*, Carl Reiner, 1982), una parodia del cine negro americano protagonizado por Steve Martin.

## 9.5. Fred MacMurray, actor

Fred MacMurray (Kaukakee, 1908-Santa Mónica, 1991) nació y se educó en una familia de músicos. Desde muy joven formó parte como saxofonista de diferentes bandas escolares que le ayudaron a pagarse sus estudios universitarios. De gira por California con uno de estos grupos, MacMurray tuvo la oportunidad de participar como extra en la producción de la Fox *Girls Gone Wild* (Lewis Seiler, 1929). Tras tres o cuatro filmes menores, firmó contrato con la Paramount y estrenó, junto con Claudette Colbert, la comedia titulada *El lirio dorado* (*The Gilded Lily*, Wesley Rugges, 1935). En los treinta se le emparejó, casi siempre en comedias románticas, con grandes actrices como Katherine Hepburn, Carole Lombard, Irene Dunne y Madeleine Carroll.

Cuando Billy Wilder lo tanteó para demostrar sus dotes como actor dramático, su trayectoria profesional parecía estancada. Después del estreno de *Perdición*, trató de ejercer un mayor control sobre su carrera, llegando incluso a producir el film *Pardon My Past* (Lesley Fenton, 1945). Durante la década siguiente, su filmografía se diversificó protagonizando wésterns como *Horizontes azules* (*The Far Horizons*, Rudolph Maté, 1955), participando en grandes producciones como *El motín del Caine* (*The Caine Mutiny*, Edward Dmytryk, 1954), o retornando al cine negro con el film *La casa número 322* (*Pushover*, Richard Quine, 1954). Sin duda, su mejor papel fue el del cínico jefe de Jack Lemon en *El apartamento*. Tampoco en esta ocasión Billy Wilder había pensado en él en primera instancia, pero la precipitada muerte de Paul Douglas poco antes del rodaje obligó al cineasta a fichar a su viejo conocido.

Aunque durante la última etapa de su vida su carrera cinematográfica languideció interpretando films de poco éxito para la Disney, todavía tuvo tiempo de saborear la popularidad y ganarse el cariño del público estadounidense formando parte del reparto de la serie de televisión, de corte familiar, titulada *Mis tres hijos,* cuya emisión en la cadena ABC se prolongó durante doce temporadas, desde 1960 hasta 1972.

## 9.6. Barbara Stanwyck, actriz

Su nombre real era Ruby Catherine Stevens (Brooklyn, 1907-Santa Mónica, 1990). Fue la menor de cinco hermanos, cuya infancia estuvo marcada por la muerte de su madre y por un padre que, poco después, los abandonó a su suerte. Antes de convertirse en actriz, trabajó para ganarse la vida como telefonista, dependienta, archivera y bailarina en clubes nocturnos. Con solo dieciséis años, entró a formar parte del espectáculo de las Ziegfield Follies. En 1926 consiguió su primer papel importante, interpretando a una corista en la obra de teatro *The Noose*. Fue durante estas representaciones cuando la joven Ruby decidió adoptar el nombre artístico de Barbara Stanwyck. A raíz del éxito que obtuvo con su siguiente obra teatral, *Burlesque* (1927), pudo debutar en el cine con *El duelo errante* (*Broadway Nights*, Joseph Boyle, 1927).

A partir de ahí su carrera se extendió a lo largo de seis décadas, más de ochenta largometrajes, varios filmes para la pequeña pantalla y tres series televisivas. Identificada con personajes femeninos de carácter duro y correoso, independientes y capaces de utilizar su sexualidad para abrirse paso en un mundo construido para y por los hombres, Barbara Stanwyck dio vida a una rica y colorida galería de mujeres en distintos géneros: melodramas como *Stella Dallas* (*Stella Dallas*, King Vidor, 1937), comedias sofisticadas como *Bola de fuego*, o wésterns como *Las furias* (*The Furies*, Anthony Mann, 1950) o *Cuarenta pistolas* (*Forty Guns*, Samuel Fuller, 1957). Pese a sus reticencias iniciales, con *Perdición* amplió el repertorio de los arquetipos femeninos que interpretó para el cine. En cierto modo, Phyllis Dietrichson no es más que una versión malvada de sus otros personajes, una mujer pérfida y depravada hasta la médula cuyo eco se puede rastrear en otros *films noirs* posteriores que también protagonizó como *El extraño amor de Martha Ivers* (*The Strange Love of Martha* Ivers, Lewis Milestone, 1946) o *El caso de Thelma Jordon* (*The File of Thelma Jordon*, Robert Siodmak, 1950).

## 9.7. Edward G. Robinson, actor

Con apenas diez años, Emanuel Goldberg (Bucarest, 1893-Los Ángeles, 1973) emigró, junto a toda su familia, a Estados Unidos a principios de siglo XX. Poco después cursó estudios en la Universidad de Columbia y, más tarde, en la Academia de Arte Dramático de Nueva York. En 1913 debutó en Broadway formando parte del elenco de la obra *Under Fire*. Aunque había participado en el mediometraje *Arms and the Woman* (George Fitzmaurice, 1916), su verdadero salto al cine se produjo con *The Bright Shawl* (John Robertson, 1923). Contratado por la Warner en 1931, allí se convirtió en una estrella gracias a su vívida personificación del gánster Rico Bandello en *Hampa Dorada*. Este y otros papeles del mismo estilo en películas como *The Hole in the Wall* (Robert Florey, 1929) y *Fuera de la Ley* (*Outside the Law, Tod Browing*, 1930) lo consagraron como el perfecto mafioso, suspicaz y pendenciero.

Siempre supo que, por su físico y corta estatura, no estaba destinado a ser un galán, pero supo modelar a su conveniencia y con destreza esta imagen estereotipada. Incluso en sus personajes más perturbados y sangrientos, Robinson fue capaz de conferirles un punto de fragilidad humana utilizando inesperados toques de humor y de ternura. En 1943 abandonó la Warner después de haber interpretado para esta compañía casi una treintena de películas. En Hollywood se pensó entonces que su estrella languidecía, pero su carrera recibió un nuevo impulso cuando aceptó la oferta de Billy Wilder para interpretar a Barton Keyes en *Perdición*. A raíz de este film, Robinson fue redescubierto, revisitando en varias ocasiones el género negro. Fritz Lang contó con él para dos de sus títulos más emblemáticos: *La mujer del cuadro* (*The woman in the window*, 1944) y *Perversidad* (*Scarlett Street*, 1945), donde encarnaba a las pusilánimes víctimas de dos prototípicas mujeres fatales. Con Orson Welles rodó *El extranjero* (*The Stranger*, 1945), con Joseph L. Manckiewiz *Odio entre hermanos* (*House of Strangers*, 1949) y con John Huston la magnífica, angustiante y claustrofóbica *Cayo largo* (Key Largo, 1948).

Cuando se desató la Caza de Brujas, el prestigio del actor se puso en entredicho por sus supuestos coqueteos filocomunistas. Aunque nunca fue incluido en las listas negras, lo cierto es que terminó declarando ante la comisión de investigación presidida por McCarthy en 1952. Para liberarse de cualquier sospecha, aceptó haber sido embaucado en el pasado por algunos compañeros de profesión, simpatizantes comunistas, y no tuvo reparos en ofrecer los nombres, entre otros, de Dalton Trumbo, Albert Maltz o John Howard Lawson. Durante este convulso período, Robinson nunca dejó de trabajar, aunque tuvo que aceptar papeles de dudosa calidad en producciones de compañías independientes o de serie B. Su rehabilitación oficial se produjo cuando Cecil B. DeMille, reputado y feroz anticomunista, le ofreció el papel de Dathan en *Los diez mandamientos* (*The Ten Commandments*, 1956). Su última aparición en la pantalla se produjo, ya muy enfermo, en el film de ciencia ficción *Cuando el destino nos alcance* (*Soylent Green*, Richard Fleischer, 1973).

## 10. Bibliografía

Armstrong, R. (2004). *Billy Wilder. American film realist*. Jefferson (NC)-London: McFarland & Company.

Beach, C. (2015). *Hidden History of Film Style. Cinematographers, directors and the Collaborative Process*. Oakland (CA): University of California Press.

Bornay, E. (1990). *Las hijas de Lilith*. Madrid: Cátedra.

Bordwell, D., Staiger, J. y Thompson, K. (1997). *El cine clásico de Hollywood. Estilo cinematográfico y modo de producción hasta 1960*. Barcelona: Paidós.

Casetti, F. y Di Chio, F. (1990). *Cómo analizar un film*. Barcelona: Paidós.

Chandler, C. (2002). *Nobody's perfect. Billy Wilder. A personal biography*. New York: Simon & Schuster.

Chandler, R. (1981). *El largo adiós*. Barcelona: Editorial Bruguera.

— (2004). *El simple arte de matar. Cartas y ensayos escogidos*. Barcelona: Emecé.

Cirlot, J. E. (1985). *Diccionario de símbolos*. Barcelona: Labor.

Coma, J. (1990). *Diccionario del Cine Negro*. Barcelona: Plaza & Janés.

Crowther, B. (1988). *Film Noir. Reflections in a Dark Mirrow*. London: Virgin Books.

Dick, B. F. (1996). *Billy Wilder*. New York: Da Capo Press.

Farber, S. (1971-72). The films of Billy Wilder. En *Film Comment* (NY), 4, 8-22.

— (1974). Film Noir: The Society. Violence and the Bitch Goddess. En *Film Comment* (NY), 6, 8-22.

Gehman, R. (2001). Charming Billy. En Horton, R. (ed.). *Billy Wilder. Interviews*. Jackson: University Press of Mississippi, 23-34.

Gemünden, G. (2008). *A Foreign Affair. Billy Wilder's American Films*. New York-Oxford: Berghahn Books.

Giannetti, L. (1981). *Master of the American Cinema*. London: Prentice-Hall.

Guerif, F. (1988), *El cine negro americano*, Barcelona: Ediciones Martínez Roca.

Hanna, D. (1944). Hays censors rile Jim Cain. *Daily News,* 14 February, 11-13.

Happ, G. (2003). *Billy Wilder. El cine de ingenio*: 1906-2002. Madrid: Taschen.

Haskell, M. (1974). *From reverence to rape. The Treatment of Women in the Movies*. New York: Holt, Rinehart and Wiston.

Heredero, C. y Santamarina, A. (1996). *El cine negro. Maduración y crisis de la escritura clásica*. Barcelona: Paidós

Jewell, R. (2007). *The Golden Age of Cinema. Hollywood, 1929-1945*. Malden (MA): Blackwell Publishing.

Karasek, H. (1993). *Nadie es perfecto*. Barcelona: Grijalbo.

Keating, P. (2010). *Hollywood Lighting. From the Silent Era to Film Noir*. New York: Columbia University Press.

Krutnik, F. (1991). *A Lonely Street. Film noir, genre, masculinity*. London: Routledge.

Lally, K. (1998). *Billy Wilder. Aquí un amigo*. Barcelona: Ediciones B.

Mast, G. (1979). *The Comic Mind. Comedy and the Movies*. Chicago: The University of Chicago Press.

McClelland, D. (1992). *Forties Film Talk. Oral Histories of Hollywood*. Jefferson-London: McFarland.

McNally, K. (2011). Introduction. En *Billy Wilder: Movie-maker. Critical essays on the films*, North Caroline: McFarland, 1-9.

Morris, D. (2005). *La mujer desnuda. Un estudio del cuerpo femenino*. Barcelona: Planeta.

Naremore, J. (1998). *More than night. Film Noir in its context*. Berkeley: University of California Press.

Oniandía, M. (1996). *El guion clásico de Hollywoood*. Barcelona: Paidós.

Pavés, G. (2014). Sobre un espejo roto. En García Gómez, F. y Pavés, G. (coords.). *Ciudades de cine*. Madrid: Cátedra.

Place, J. (1980). Women in Film Noir. En Kaplan, E. A. (ed.). *Women in Film Noir*. London: BFI Publishing.

Philips, G. (2010). *Some like it Wilder. The life and controversial films of Billy Wilder.* Lexington: The University Press of Kentucky.

Porfirio, R. (2002). Interview with Billy Wilder. En *Film Noir 3. Interviews with filmmakers of the classic noir period*. Nueva York: Limelight Editions, 101-119.

Prigozy, R. (1984). Double Indemnity: Billy Wilder's Crime and Punishment. *Literature/Film Quaterly* (MD), 12, 3, 160-170.

Robinson, E. G. (1973). *All my yesterdays. An autobiography*. New York: Hawthorn Books.

Rozsa, M. (1989). *Double Life.* New York: Wynwood Press.

Sarris, A. (1968). *The American Cinema: Directors and Directions 1929–1968*. Nueva York: Dutton.

— (1991). Why Billy Wilder Belongs in the Pantheon? *Film Comment* (NY), 4, 9-14.

— (1998). *You ain't heard nothin' yet. The American Talking Film. History and Memory, 1927-1949*, London-New York: Oxford University Press.

Schatz, T. (1999). *Boom and Bust. American Cinema in the 1940s*. Berkeley: University of California Press.

Schickel, R. (2006). *Double Indemnity*. London: BFI Publishing.

Sikov, E. (2000). *Billy Wilder. Vida y época de un cineasta*. Barcelona: Tusquets.

Sinyard, N. y Turner, A. (1979). *Journey down Sunset Boulevard: The films of Billy Wilder.* Surrey: BCW Publishing Limited.

Slide, A. (2014). *It's the Pictures that got Small. Charles Brackett on Billy Wilder and Hollywood's Golden age.* New York: Columbia University Press.

Trueba, F. (2003). Prólogo. En Wilder, B. y Chandler, R. *Perdición*, Madrid: Plot Ediciones, 3-15.

Vandaele, J. (2015). *Estados de Gracia. Billy Wilder y la censura franquista.* Leiden (The Netherlands): Brill/Rodopi.

Wilder, B. "Clipping Files". En *Billy Wilder's Papers.* Special Collections, Margaret Herrick Library, Beverly Hills (CA).

Zolotow, M. (1977). *Billy Wilder in Hollywood*. New York: G.P. Putnam's sons.

## Guías para ver y analizar...

1. Cantando bajo la lluvia
2. "M" El Vampiro de Düsseldorf
3. El espíritu de la colmena
4. Blade Runner
5. La naranja mecánica
6. Centauros del desierto
7. Con la muerte en los talones
8. Ciudadano Kane
9. Laura
10. Con faldas y a lo loco
11. La reina Cristina de Suecia
12. Drácula de Bram Stoker
13. Excalibur
14. Arrebato
15. Pesadilla antes de Navidad
16. En busca del arca perdida
17. La mujer pantera
18. Pulp Fiction
19. Annie Hall
20. Los olvidados
21. La semilla del diablo
22. Apocalypse Now redux
23. Ser o no ser
24. El sol del membrillo
25. James Bond contra Goldfinger

## GUÍAS PARA VER Y ANALIZAR...

26. Lawrence de Arabia
27. Seven
28. La dolce vita
29. La parada de los monstruos
30. ¡Qué bello es vivir!
31. Matrix
32. Dos en la carretera
33. Al final de la escapada
34. Minority Report
35. La guerra de las galaxias
36. Roma, ciudad abierta
37. El show de Truman
38. Remando al viento
39. Shrek
40. Todo sobre mi madre
41. Toy Story
42. Ordet
43. París, Texas
44. Noche en la tierra
45. El profesor chiflado
46. Los siete samuráis
47. Muerte entre las flores
48. En construcción
49. King Kong
50. El viaje de Chihiro

# Guías para ver y analizar...

## nueva temporada

51. El diablo sobre ruedas
52. Deseando amar
53. Solaris
54. Gladiator
55. La matanza de Texas
56. Lola Montes
57. Up
58. Jennie
59. Melancolía
60. Mystic River
61. El verdugo
62. Network
63. Harry el sucio
64. Alien, el octavo pasajero
65. American Beauty
66. Ladrón de bicicletas
67. Rebeca
68. Perdición
69. Perfect Blue
70. La piel que habito
71. Easy Rider

## ¿Quieres publicar una *Guía para ver y analizar*?

Si quieres hacernos llegar tu propuesta, asegúrate que cumple las normas de la colección:

- Los textos deberán ser originales y su estilo literario lo más sencillo y claro posible, evitando adoptar un tono excesivamente académico, es decir, un lenguaje "opaco", lo que no implica caer en superficialidad o banalidad.
- La extensión total del texto deberá ser de entre 250.000 y 270.000 caracteres (con espacios y notas incluidos).
- Se procurará utilizar gráficos, esquemas, tablas, dibujos, etc., para facilitar la lectura del texto y el seguimiento del estudio monográfico de la película.
- El texto deberá adoptar, sin perjuicio de los condicionantes particulares de cada película, ni de la autonomía del autor en la redacción del texto, la estructura de los libros de la colección:
    1. Ficha técnica y artística
    2. Introducción
    3. Sinopsis argumental
    4. Estructura del film
    5. Análisis textual
    6. Recursos expresivos y narrativos
    7. Interpretaciones/Apéndices
    8. Equipo de producción y artístico
    9. Bibliografía
- Las propuestas de nuevos libros (que deberán ser inéditos) deberán constar, al menos, de los siguientes documentos:
    1. Justificación
    2. Índice comentado
    3. Bibliografía seleccionada
    4. Breve CV del autor (inferior a 500 palabras).
- Todos los documentos deberán ser entregados en soporte informático. En la página web de Nau Llibres existe una sección específica (http://naullibres.com/guias-para-ver-y-analizar) para el envío de originales.

El Comité Editorial, compuesto por expertos en comunicación audiovisual y educación, comunicará al autor, en un plazo no superior a tres meses, si acepta o no dicha propuesta. Si la respuesta es positiva, se firmará el correspondiente contrato de edición con la editorial y el autor se comprometerá a entregar, en el plazo que en su momento se estipule, un borrador del texto, que será revisado por los miembros del Comité Editorial. El autor deberá recoger las correcciones y sugerencias resultantes de la revisión para modificar convenientemente el texto antes de enviarlo a la editorial para proseguir el proceso de edición, que necesitará de la colaboración del autor para incorporar las ilustraciones y ejemplos previstos.

Made in the USA
Monee, IL
04 November 2026

67379458R00089